广　东　省　自　然　科　学　基　金
广州大学“地理信息科学校企协同育人实验班”　联合资助
广　州　大　学　教　材　出　版　基　金

基于开源软件的GIS应用开发简明教程

JIYU KAIYUAN RUANJIAN DE GIS YINGYONG KAIFA JIANMING JIAOCHENG

赵冠伟　尚宇真　周　涛　杨木壮　谢鸿宇　编著

图书在版编目(CIP)数据

基于开源软件的GIS应用开发简明教程/赵冠伟等编著.—武汉:中国地质大学出版社,2022.6(2023.10重印)

ISBN 978-7-5625-5258-1

Ⅰ.①基…

Ⅱ.①赵…

Ⅲ.①地理信息系统-应用软件-软件开发-教材

Ⅳ.①P208

中国版本图书馆CIP数据核字(2022)第081783号

基于开源软件的GIS应用开发简明教程 赵冠伟 **等编著**

责任编辑:周 豪　　选题策划:周 豪 张晓红　　责任校对:何澍语

出版发行:中国地质大学出版社(武汉市洪山区鲁磨路388号)　　邮政编码:430074

电 话:(027)67883511　　传 真:(027)67883580　　E-mail:cbb @ cug.edu.cn

经 销:全国新华书店　　http://cugp.cug.edu.cn

开本:787毫米×1092毫米 1/16　　字数:346千字　　印张:13.5

版次:2022年6月第1版　　印次:2023年10月第2次印刷

印刷:武汉市籍缘印刷厂

ISBN 978-7-5625-5258-1　　定价:42.00元

序

撰写本书并非一时兴起，这一念头最早可追溯到2008年笔者在广州大学地理科学与遥感学院（以下简称学院）从事地理信息系统（geographic informamtion system，GIS）设计与开发类课程教学工作的时候。当时学院在GIS原理、软件操作和应用开发等教学工作中运用的GIS软件以ArcGIS、SuperMap和MapGIS等商业软件为主。商业软件功能全面稳定、技术支持完善而且配套的教学参考资料较为丰富，对于开展GIS二次开发教学而言无疑是非常适合的。然而，商业软件对内部功能实现代码的闭源，使得学生们对GIS的底层实现机制不得而知，从而限制了部分学生往更高层次发展的可能，打击了部分学生进行自主研发训练的积极性。此外，结合诸多GIS行业应用案例的实施经验来看，除部分业务与GIS先天结合紧密的行业以外，在政府机构中实施的不少GIS应用开发案例所涉及的功能多数以GIS数据展示、简单查询与统计分析为主，对较为复杂的空间分析、水文分析、三维模型等功能模块较少涉及。在这类场景中，采用开源软件替代商业软件无疑是可行且节约成本的。有鉴于此，笔者开始尝试在"GIS设计与开发""WebGIS原理与应用"等课程教学中引入开源软件进行探索。

自2020年以来，新冠肺炎疫情在世界范围的突然暴发显著改变了人类社会的格局与组织方式。不少专家和学者认为，新冠肺炎疫情将改变全球合作和协作的方式。在本次新冠肺炎疫情中，全球的专家和学者们都纷纷通过开放开源平台展开合作，以加快应对新冠肺炎疫情的传播速度。另外，当前中美关系进入冲突与合作并存的新阶段，为了摆脱对欧美发达国家GIS商业软件的市场依赖，势必需要大力发展具备自主知识产权的GIS软件。借鉴或使用开源软件，构建具备自主知识产权的国产GIS软件是可行且相对高效的一条捷径。在此背景下，开展基于开源软件的GIS应用开发教学无疑是迫在眉睫的。上述各种原因即是笔者撰写本书的主要动力来源。

本书假设读者已经具备了一定的程序设计基础，至少基本掌握一门常用的程序设计语言（如Java、C#或Python等）。事实上，只要掌握了数据运算、控制结构、方法调用及参数传递等程序设计基本功，不同语言之间的语法差异是较容易克服的。众所周知，Python作为解释性语言的代表之一，在数据分析、统计和可视化等领域应用广泛；Java、C＃则比较适合进行网络应用程序开发、桌面应用程序开发等工作。因此，本书涉及的代码实现主要使用Python、HTML、JavaScript和C＃语言，并结合开源GIS软件进行介绍。

本书中使用的部分图片来自网络，由于这些资源都是几经转载，无法查找原始出处，谨向这些资源的创作者致以敬意。

本书书稿的完成花费了将近4年的时间，其间本书的其他作者对本书进行了反复修改和编撰，力求做到尽可能地准确。但限于水平和精力，书中难免有纰漏或不妥之处，恳请读者批评指正。

赵冠伟于广州大学

2022年3月

目　录

第一章 绪 言

自 2020 年以来，新冠肺炎疫情在世界范围的暴发已经显著改变人类社会的格局与组织方式。以中国华为技术有限公司遭受打压为代表的一系列事件，无疑告诫我们：中国只有拥有自主知识产权的技术才能够不被“卡住脖子”。对于遥感与 GIS 领域而言，2020 年 1 月，美国政府颁布禁令限制可以被传感器、无人机和卫星用来自动识别军事和民用目标的地理图像软件出口，这一事件对于国产 GIS 软件行业既是挑战也是机遇。为了摆脱对欧美发达国家遥感与 GIS 商业软件的市场依赖，势必需要大力发展具备自主知识产权的遥感与 GIS 软件。借鉴或使用开源软件构建具备自主知识产权的国产 GIS 软件无疑是可行且相对高效的一条捷径。本书正是在此背景下诞生的。

本书旨在讲授利用开源软件结合 Microsoft Visual C＃、Python、HTML、JavaScript 等语言进行的 GIS 数据采集与可视化分析、地理信息系统二次开发的知识与技能，因此主要针对具备一定程序语言基础和 GIS 基础理论知识的读者。通过学习本书，读者不仅可以理解 GIS 二次开发所必备的数据采集、预处理、可视化分析等相关知识，而且能够掌握利用开源软件进行 GIS 应用系统常用功能的二次开发技能。

针对 GIS 应用开发学习而言，上机编写程序是必不可少的实践环节。与商业软件相比，开源软件固然有灵活、可扩展性强、安全可控等优势，但是由于开源软件多数是以独立项目的形式分散存在于开源社区中，整体性不强，而且在开发技术支持方面通常不够完备，尤其是中文帮助内容尤为缺乏。这些弊端导致开源软件的学习曲线一般比商业软件更加“陡峭”，容易削减开发人员的学习积极性。结合笔者在广州大学地理科学学院讲授“地理信息系统开发”（原课程名“GIS 设计与开发”）课程十余年的教学经验来看，为学生提供一本内容完备、难度适宜、素材丰富、指导性强的简明教程是充分激发学生学习 GIS 编程兴趣的难点所在。为此，笔者对过往的教学内容和资源进行了系统性的思考与梳理，为本书设计了 6 章，内容上涵盖了 GIS 数据采集与分析、单机或桌面应用、二维 WebGIS 应用、三维 WebGIS 应用等不同架构的 GIS 应用开发技能，基本遵循 GIS 应用系统开发的学习路径，相信初学者通过本书内容的训练，能够掌握基于开源软件的 GIS 应用开发通用流程和基本技能。

使用说明：本书主要尝试对基于开源软件的 GIS 数据采集、预处理、可视化分析、桌面应用和 WebGIS 应用开发等内容进行简明扼要的讲解，主要目的是使读者对开源 GIS 应用开发有一个总览性的认识。因此，本书虽然尽量做到面面俱到且针对各个主题进行相对完整的阐述，但是不会特别深入各个特定主题。以第二章“基于 Python 的 GIS 数据处理与可视化分析”为例，本书只利用了 Matplotlib、Pandas 等少数 Python 软件包进行讲解，目的是介绍基本的流程和技巧。如果想要深入了解，读者可自行查阅其他书籍以获取更加全面、细致的信息。

本书涉及的软件开发环境配置说明如下，供读者配置开发环境时参考。读者在自行搭建开发环境时，应尽量尝试不低于以下所列信息的软件版本。

(1)操作系统：Windows 10 家庭中文版(64 位操作系统)

(2)Python 应用开发软件版本：Python 3.8.8；Python 开发工具：Jupyter Lab 3.0.14，Pandas 1.2.4，Matplotlib 3.3.4，Seaborn 0.11.1，PyEcharts 1.9.0。

(3)单机或桌面 GIS 开发软件版本：SharpMap 1.2，DotSpatial 2.0。

(4)二维 WebGIS 客户端软件版本：Leaflet 1.7.1，Mapbox 3.3.1，OpenLayers 6.10.0。

(5)三维 WebGIS 客户端软件版本：Cesium 1.87，Three.js r135。

(6)WebGIS 开发与调试工具：Visual Studio Code 1.64.2(安装扩展为 Live Server V5.7.4，npm V0.3.24)，Node.js 16.13.1。

(7)空间数据库软件版本：PostGre SQL 10.19 Windows ×86－64(含相应 PostGIS 插件)。

(8)GIS 服务器软件版本：GeoServer 2.19.2。

第一节　开源软件的发展历史

根据维基百科的定义，开源软件(open source software，OSS)又称开放源代码软件，是一种源代码可以任意获取的计算机软件。这种软件的著作权持有人在软件协议的规定之下保留一部分权利并允许用户学习、修改以及分发该软件。目前，在国内 GIS 行业中商业软件依旧占主导地位，大多数 GIS 应用都是基于商业软件基础来构建的，开源 GIS 软件应用比较少。然而，商业 GIS 软件存在软件开发灵活性差、数据与操作共享困难、安全性低和费用高昂等不足。开源软件则由于其开发灵活度高且成本低廉的特点得到了迅速的发展。在开源 GIS 领域涌现出了许多成熟的产品，从中几乎都能找到和商业软件相对应的软件，形成了一股不可小觑的力量。2018 年 6 月，过往被视为开源文化的“死敌”——微软公司斥资 75 亿美元正式收购了全球最大代码托管平台 GitHub。这一标志性事件无疑彰显了微软公司进军开源软件的巨大决心，也极力推动了开源软件的发展。

开源软件的历史最早可以追溯到 20 世纪。从 1949 年第一台冯·诺依曼结构计算机诞生直至 20 世纪 70 年代中叶，计算机主要是由政府机构、科研院所等专业用户使用，机器以大型机(mainframe)为主，个人电脑(personal computer，PC)尚未出现。当时的计算机软件是与硬件捆绑销售的，并且附带有源代码，便于专业人员调试和修改。

20 世纪 70 年代后期，个人电脑开始普及，计算机软件产业形态发生了剧烈变化，针对硬件定制销售的软件形态无法满足需求，专门开发通用软件的公司应运而生。以计算机操作系统为例，在微软视窗操作系统(Windows)流行以前，美国电话电报公司(AT&T)开发的 Unix 是当时最流行的操作系统。早期 AT&T 免费地向政府和学术研究人员分发 Unix 软件，但并没有提供重新分发或分发修改后的版本的许可。随着 Unix 的使用变得更加广泛，AT&T 停止了 Unix 的免费分发，并且开始通过商业许可为系统补丁收费。由于依靠软件收费来获取利润，如果提供源代码，则可能会存在用户或者竞争对手复制或改写软件代码的风险，因此以微软、IBM 等为代表的软件公司多数都改用仅提供目标程序而不提供源代码的商业策略。同期，美国逐步通过一系列法律，确定了软件源代码受到著作权法保护的原则，并被世界上多数国家所认可并效仿，一直沿用至今。

在此期间，以理查德·马修·斯托曼（Richard Matthew Stallman，在黑客社区中以 RMS 的名称缩写而知名，后文简称为斯托曼）为代表的部分人士对软件从免费转向收费并且不再提供源代码这一现象感到不满，坚持认为所有软件都应该对所有人公开，即共享哲学，从而发起了自由软件运动。这类人群也被称为“业余爱好者”或“黑客”。斯托曼原本是美国麻省理工学院（Massachusetts Institute of Techology，MIT）人工智能实验室的一名程序员，他发起自由软件运动的初衷主要源于两件事的刺激。第一件事是关于 MIT 人工智能实验室的一台施乐打印机。早期的打印机都带有程序源代码，因此在打印机出现故障时，斯托曼可以直接修改源代码以解决问题。但后来实验室购入的施乐打印机不再附有源代码。当打印机出现故障时，斯托曼无法通过修改源代码解决问题。第二件事是关于 LISP 编译器。LISP 是一种古老的编程语言，斯托曼曾经长期致力于一个 LISP 编译器的项目工作。后来 Symbolics 公司向他索取该编译器代码，并在拿到代码后对编译器进行了修改。斯托曼随即向 Symbolics 公司索取改进后的代码，但是被拒绝，原因是修改后的代码属于专有软件。对上述事件感到不满的斯托曼认为，解决问题的手段就是编写一个完全自由的且与 Unix 兼容的操作系统，并将其命名为 GNU（GNU's not Unix）。最终，斯托曼开始了 GNU 运动，用于创建 Unix 的替代品，在 1985 年成立了自由软件基金会（free software foundation，FSF），并发表 GNU 宣言。1989 年，代表共享哲学的 GPL 许可证第一版发布。该许可证是目前使用最广泛的自由软件许可证，其特征为适用该许可证的代码的所有衍生代码都必须开源并且基于相同的许可证发布，具有鲜明的著佐权（copyleft）性质。斯托曼的自由软件运动对软件行业影响深远，通过帮助和资助自由软件的开发，自由软件基金会为 GNU 项目以及其他自由软件项目提供了重要的基础。然而，令人尴尬的是，早在 1991 年，自由软件基金会就已经完成了 GNU 操作系统的大部分组件（如编译器、编辑器、用户界面等）的开发，但是操作系统的内核（GNU Hurd）却始终难以完成。即便 2020 年，GNU Hurd 仍没有释放出可用于实际生产环境的 1.0 版本。究其原因，众说纷纭，有兴趣者可以自行查阅相关资料。

由于 Unix 操作系统的闭源，美国加利福尼亚大学伯克利分校（UC Berkely）发布了一款可以自由重新分发的 Net/2 BSD 操作系统软件。然而，由于 BSD 许可的部分条款过于宽松，因而陷入版权法律纠纷，很快导致针对 x86 平台的操作系统内核开发暂停。1991 年芬兰大学生林纳斯·本纳第克特·托瓦兹（Linus Benedict Torvalds，后文简称为托瓦兹）为了在 x86 架构 PC 上运行 Unix，发布了最初为自己创作的类 Unix 操作系统内核（后续该内核转为使用 GPL 许可，之后被称为 Linux）。令人意想不到的是，托瓦兹发布的这个 Linux 内核，同 GNU 项目所开发出的工具相结合，获得了空前的成功，并成为当今最为成功和著名的自由与开源软件程序。至此，Linux 内核填补了 GNU 用户需要完整的且使用自由软件的类 Unix 系统的空白，GNU 项目基本完成，此操作系统被命名为 GNU/Linux。2005 年，为了管理Linux内核的源代码，他还作为主要的开发者发起了开源项目Git。当前，免费、开源的Git已经成为业界最流行的版本控制系统(version control system)，而GitHub则是开源代码托管平台的翘楚，并于2018年被微软公司斥巨资收购。

GNU/Linux操作系统的成功直到今天看起来仍然是那么地令人不可思议，因为开发一个操作系统内核的成本实在是太高了。根据2018年9月针对Linux 4.1版本的一个测算报告，如果该版本所含有的2000万代码全部由美国程序员来完成，按照当时美国的平均工资，重写该版本的成本大约要147亿美元。目前，Linux几乎垄断了除个人电脑层面外的其他所有计算设备的操作系统，从世界前500台超级计算机到大量的移动设备(主要是安卓操作系统)都在使用Linux或其变种。

考虑到WebGIS已经成为了GIS应用架构的主流，因此让我们再来浏览一下Web应用的发展历史。从浏览器层面来看，当前个人用户可以使用的浏览器软件可以说是数量众多，譬如Chrome浏览器、360浏览器、猎豹浏览器、傲游浏览器、世界之窗浏览器、Opera浏览器等，到最后几乎每个互联网公司都有自己的浏览器。其中，属于开源软件的代表无疑是火狐(Mozila Firefox)浏览器，其前身可以追溯到20世纪90年代曾经占据约90%市场份额的网景领航员(Netscape Navigator)浏览器。然而，在微软公司“Windows+IE”捆绑策略的攻击下，网景通信公司在这场浏览器大战中败北，随后决定开放其浏览器的源代码，作为自由软件由全世界的程序员进行改进，最终演变为现今的火狐浏览器。

在网页服务器层面，最具代表性的开源软件应该是Apache HTTP Server(Apache)。在20世纪90年代早期，Web应用渐渐显露峥嵘，但是当时作为Web服务方面的软件还处于封闭、专有的状态(如微软的IIS服务器)。然而，1995年由美国伊利诺伊大学尼巴纳-香槟分校的国家超级电脑应用中心(NCSA)的技术人员开发的一款叫作“Apache HTTP Server”的软件打破了这个局面。Apache是最流行的Web服务器软件之一，具有快速、可靠和跨平台等特性，并且可通过简单的应用程序接口(application programming interface，API)扩展，将Perl/Python等解释器编译到服务器中，从而被广泛使用。Apache一经推出就声名鹊起，到1996年时，已经占据了大部分的Web服务器市场份额。在接下来的几年里，Apache的开发者们扩大了其支持的平台，使其支持了更多的由GNU许可的软件，当然Linux是重中之重。1999年，Apache软件基金会成立，旨在为更多的开源软件项目提供监督和帮助。如今的Apache已经度过了“25岁生日”，以事实证明了它的巨大成功。采用Apache的网站服务器拥有牢靠可信的美誉，已经在全球超过半数的网站中被使用，特别是几乎被所有最热门和访问量最大的网站所使用。

Apache软件基金会旗下另一款经典的Web应用服务器软件是Tomcat。Tomcat最初是Jakarta项目开发的Servlet容器。因为在当时正是Java语言大流行的时代，因此Jakarta项目按照昇阳微系统公司(Sun Microsystems)提供的技术规范，实现了对Servlet和Java Server Page(JSP)的支持，并提供了作为Web服务器的一些特有功能，如Tomcat管理和控制平台、安全局管理和Tomcat阀等。由于Tomcat本身也内含了HTTP服务器，因此也可以视作单独的Web服务器。但是，不能将Tomcat和Apache HTTP服务器混淆。Apache HTTP服务器是用C语言实现的HTTP Web服务器。这两个HTTP Web服务器不是捆绑在一起的。Tomcat是由 Apache 软件基金会的会员和其他志愿者开发与维护的，采用 Apache协议进行开源软件许可，用户可以根据该协议免费获得其源代码及可执行文件。

数据库软件是 GIS 需要用到的核心软件。开源数据库软件中较为知名的包括 MySQL、PostgreSQL 等。MySQL 原本是一个开放源代码的关系数据库管理系统，原开发者为瑞典的 MySQL AB 公司，该公司于 2008 年被昇阳微系统公司收购。2009 年，甲骨文公司(Oracle)收购昇阳微系统公司，MySQL 成为 Oracle 旗下产品。MySQL 在过去由于性能高、成本低、可靠性好，成为当时最流行的开源数据库，因此被广泛地应用在因特网上的中小型网站中。随着 MySQL 的不断成熟，它也逐渐用于更多大规模网站和应用，比如维基百科、Google 和 Facebook 等网站。非常流行的开源软件组合 LAMP 中的“M”指的就是 MySQL。然而，在被 Oracle 公司收购后，Oracle 公司大幅调涨 MySQL 商业版的售价，且不再支持另一个自由软件项目 OpenSolaris 的发展，因此导致自由软件社区用户对于 Oracle 公司是否还会持续支持和维护 MySQL 社区版(MySQL 之中唯一的免费版本)有所隐忧。为此，MySQL 的创始人迈克尔·维德纽斯(Michael Widenius)以 MySQL 为基础，成立分支计划 MariaDB。而原先一些使用 MySQL 的开源软件逐渐转向 MariaDB 或其他的数据库。例如维基百科已于 2013 年正式宣布将从 MySQL 迁移到 MariaDB 数据库。MySQL 的主页网址为 www. mysql. com，最新稳定版本为 8. 0. 21，发布时间为 2020 年 7 月 13 日，源代码网址为 github. com/mysql/mysql - server，采用 GPL 第二版许可协议。该软件支持 Linux、Solaris、macOS、Windows、FreeBSD 等操作系统，属于关系型数据库系统(RDBMS)。

PostgreSQL 是一套开源的对象-关系数据库管理系统，最早是在 1986 年由美国加利福尼亚大学伯克利分校计算机科学教授 Michael Stonebraker 创建的 Postgres 软件项目发展而来。在项目早期，Postgres 已经在许多研究或实际的应用中得到了应用。然而，随着用户数量的增加，用于源代码维护的时间和成本日益增加，最终导致 Postgres 软件项目在 4. 2 版本时正式终止。尽管 Postgres 软件项目正式终止了，BSD 许可证(Postgres 遵守 BSD 许可证发行)却使开发者们得以获取源代码并进一步开发系统。1994 年，伯克利分校的研究生 Andrew Yu 和 Jolly Chen 增加了一个 SQL 语言解释器来替代早先的基于 Ingres 的 QUEL 系统，创建了 Postgres95，代码随后被发布到互联网上供全世界使用。Postgres95 在 1996 年被重命名为 PostgreSQL 以便突出该数据库全新的 SQL 查询语言。PostgreSQL 首次发行即选择“6. 0”作为其版本号，由来自世界各地的数据库开发者和志愿者们，通过互联网进行软件的维护。2005 年 1 月 19 日，PostgreSQL 发行了 8. 0 版本。自 8. 0 版本之后，PostgreSQL 得以借助原生方式运行于 Windows 系统之下。经过几十年的发展，PostgreSQL 已经成为世界上可以获得的最先进的开放源代码的数据库系统之一。PostgreSQL 提供了多版本并行控制，支持几乎所有 SQL 构件(包括子查询，事务和用户定义类型与函数)，并且可以获得范围非常广阔的开发语言绑定(包括 C、C++、Java、Perl、Tcl 和 Python)。PostgreSQL 的最新稳定版本为 12. 3，发布时间为 2020 年 5 月 14 日。PostgreSQL 的主页网址为 www. postgresql. org，源代码库网址包括 git://git. postgresql. org/git/postgresql. git 和 https://github. com/postgres/postgres。

第二节　开源GIS软件的发展历史

开源GIS软件的起源可以追溯到1982年。当时，美国陆军建筑工程研究实验室(USA-CERL)开发了GRASS(geographic resources analysis support system)GIS以满足美国军方土地管理和环境规划软件的需要。1982—1995年间，USA-CERL联合一批美国政府机构、大学和私人公司开发了GRASS的核心组件，并发布了GRASS 4.1版本及其相应的更新版本。1995年之后，资助并主导GRASS开发近13年的USA-CERL正式退出。1997年，由美国贝勒大学成立的“GRASS Research Group”从USA/CERL接过了GRASS的开发工作，并于1998年发布了GRASS 4.2.1版本，此后在学术界迅速流行起来。从1999年10月发布的5.0版本开始，GRASS软件原先的公有领域授权被更换为GPL许可。如今GRASS已被用于全世界许多学术、商业和政府机构，例如美国国家航空航天局(NASA)、美国国家海洋和大气管理局(NOAA)、美国农业部(USDA)、德国航空航天中心(DLR)、澳大利亚联邦科学与工业研究组织(CSIRO)、美国国家公园管理局等，主要功能包括地理空间数据管理和分析、图像处理、空间和时间建模以及创建图形和地图。目前，GRASS的最新稳定版本为7.8.3，发布时间为2020年5月10日。该版本不但继承了旧版本30多年的设计经验，还充分借鉴了其他开发源代码GIS软件包的丰富程序资源和强大功能模块，可以说是当之无愧的开源GIS软件佼佼者。当前，GRASS在中国的相关信息维护由OSGeo中国中心负责，具体包括新闻发布、镜像网站的维护、中文教程的修订等工作。GRASS项目的主页网址为https://grass.osgeo.org/，源代码库网址为https://github.com/OSGeo/grass。

1996年英国利兹大学因为项目需要利用Java语言研发了一套用于操纵空间数据的开源地理信息库，即GeoTools。如今，GeoTools已经被广泛应用于Web地理空间信息服务、网络地图服务和桌面应用程序。2000年，地理空间数据抽象库(geospatial data abstraction library，GDAL)的出现使得GIS应用程序可以支持不同的数据格式，还提供用于处理和转换各种数据格式的工具。GDAL支持超过50个栅格格式和20个矢量格式的数据，它是全世界使用最广泛的地理空间数据访问库，支持的应用程序包括谷歌地球(Google Earth)、GRASS、QGIS、FME(Feature Manipulate Engine)和ArcGIS等。

2001年，加拿大IT咨询机构研发了开源项目PostGIS，使得空间数据可以存储在Postgre数据库中。同年，基于Java语言开发的应用程序GeoServer发布，用于将空间数据发布为标准的Web服务。如今，PostGIS和GeoServer都取得了令人难以置信的成功，成为广泛应用的开源GIS数据库和GIS服务器。

另外一个不得不提的开源桌面GIS软件就是QGIS。QGIS(原称Quantum GIS)是一款自由软件的桌面GIS软件，提供数据编辑、地图制图与分析等功能。QGIS可以和其他开源GIS软件互相操作，例如：管理PostGIS数据库，将数据发布到GeoServer作为Web服务。QGIS由Gary Sherman于2002年开始开发，并于2004年成为开源地理空间基金会的一个孵化项目。2009年1月发布1.0版本。QGIS以C++语言写成，它的图形用户界面(graphical user interface，GUI)使用了Qt库。QGIS允许集成使用C++语言或Python语言写成的插件。除了 Qt 之外，QGIS 需要的依赖还包括 GEOS 和 SQLite，同时也推荐安装 GDAL、GRASS GIS、PostGIS 和 PostgreSQL。QGIS 是一个多平台的应用，可以在多种操作系统上运行，包括 Mac OS X、Linux、Unix 和 Microsoft Windows。QGIS 采用 GPL 许可协议，最新发布的稳定版本为3.14.0（2020 年 6 月 19 日）。QGIS 项目的主页网址为 https://qgis.org，源代码库网址为 https://github.com/qgis/QGIS。

21 世纪初，开源 GIS 软件继续获得发展动力，创建的开源孵化项目是开源地理空间基金会（open source geospatial foundation，OSGeo）和 LocationTech。OSGeo 是非营利性非政府组织，其使命是支持并促进开放地理空间技术和数据的协同开发。该组织创建于 2006 年 2 月，为广大的自由和开源地理空间社区提供经济、组织和法律上的支持与服务。LocationTech 是在 Eclipse 基金会（Eclipse foundation ）中设立的一个工作组，旨在促进 GIS 技术在学术研究者、产业和社区之间的合作。2011 年，OSGeo 的教育推广项目“Geo for All” 创建，目的是使人人都能接触到地理空间技术教育的机会。作为该基金会的工作成果，许多开源 GIS 的教育资源能在互联网上免费获取，包括 FOSS4G Academy 和 GeoAcademy。

数据库组件层按照功能可分为数据管理组件和分析组件两类。数据管理组件主要包括 GDAL、OGR 等。GDAL（http://www.gdal.org/）是一个基于 C++语言的栅格格式的空间数据格式解释器。作为一个类库，对于那些用它所支持的数据类型的应用程序来说，它代表一种抽象的数据模型。GDAL 支持大多数的栅格数据类型。在开发上 GDAL 支持多种语言的接口，如 Perl、Python、VB6、Java、C＃。OGR（http://www.gdal.org/ogr/）是 C++语言的简单要素类库，提供对各种矢量数据文件格式的读取（某些时候也支持写）功能。OGR 是根据 OpenGIS 的简单要素数据模型和 Simple features for COM（SFCOM）构建的。OGC 也支持大多数的矢量数据类型。GeOxygene（http://www.oxygene-project.sourceforge.net/）基于 Java 和开源技术提供一个同时实现 OGC 规范和 ISO 标准可扩展的对象数据模型（地理要素、几何对象、拓扑和元数据），它支持 Java 开发接口。数据存储在关系数据中（RDBMS）保证用户快速和可靠地访问数据，但用户不用担心 SQL 描述语句，它们通过为应用程序建立 UML 和 Java 代码的模型，在对象和关系数据库之间使用开源软件进行映射。到现在可以使用 OJB 同时支持 Oracle 和 PostGIS 中的数据。GML4J（http://gml4j.sourceforge.net/）是一个作用于 Geography Markup Language（GML）的 Java API 工具。当前 GML4J 的作用是一个 GML 数据的扫描器，通过它可以读取和解释代表地理要素、几何对象、几何要素属性、集合对象属性、坐标系统和其他 GML 结构等的可扩展标记语言（XML）。现阶段 GML4J 只支持对 GML 数据的读取和访问，在以后将支持对 GML 数据的修改。

分析组件包括 JTS、PROJ.4 和 GeoTools 等。JTS Topology Suite（http://sourceforge.net/projects/jts-topo-suite/）是 Martin Davis 和 Mark Sondheim 提出的一套二维的空间谓词和函数的应用程序接口。它由 Java 语言写成，提供了完整的、延续的和健壮的基本二维空间算法的实现方法，并且效率非常高。对于 GIS 而言，空间分析是其核心模块之一，实现空间分析的基础则是定义几何要素及要素之间的空间关系。JTS 提供了全功能的、强大的、高效的空间操作。2003 年，PostGIS 正在成为一个严谨实用的空间数据库，然而它缺少一套完整的空间功能。Paul Ramsey 和 Martin Davis 就计划把具有空间功能的 JTS 移植为 C++ 版本，参与 PostGIS 的 Dave Blasby 提出将其命名为 Geometry Engine (open source)——GEOS。GEOS(几何引擎-开源)是一个 C++ 版本的 JTS。正因为如此，它的目标是包含 JTS 的完整功能 C++ 库。它包括所有 OpenGIS Simple Features for SQL 的空间谓词功能和空间操作，以及增强特定 JTS 的拓扑功能。Net Topology Suite(http://nts.sourceforge.net/)则是一个.NET 的开源项目，该项目的主要目的是将 JTS Topology Suite 应用程序提供给.NET 应用程序使用。GSLIB(http://www.gslib.com/)是一个提供了空间统计的程序包，它是当前功能最强大和综合性最好的统计包，并且具有灵活性和开放的接口。它的缺点是缺少用户支持，用户界面不友好且缺少面向对象建模能力。PROJ.4 (http://trac.osgeo.org/proj/)是一个开源的地图投影库，提供对地理信息数据投影以及动态转换的功能，WMS、WFS 或 WCS Services 也需要它的支持。GeoTools(http://www.geotools.org/)也是遵循 OGC 规范的 GIS 工具箱。它拥有一个模块化的体系架构，这保证每个功能部分可以非常容易加入或删除。GeoTools 目标是支持 OGC 所有的规范和各类国际规范与标准。GeoTools 已经在一个统一的框架下开发了一系列的 Java 对象集合，它完全满足了 OGC 服务端的各种服务并且提供了 OGC 兼容的单独应用程序。GeoTools 项目由一系列的 API 以及这些接口的实现组成。开发一整套产品或应用程序并不是 GeoTools 的目的，但是它鼓励其他应用项目使用它用于各类工作。GeoTools.NET(http://geotools-net.sourceforge.net/Index.html)则是与Java对应的.NET 版本。

Geopandas 是建立在 GEOS、GDAL、PROJ 等开源地理空间计算相关框架之上的，类似 pandas 语法风格的空间数据分析 Python 库。它的目标是尽可能地简化 Python 中的地理空间数据处理，减少对 ArcGIS、PostGIS 等工具的依赖，使得处理地理空间数据变得更加高效而简洁，打造纯 Python 式的空间数据处理工作流。

随着 Web 应用的迅速发展，用于构造 WebGIS 的开源软件也随之应运而生。其中，用来存储空间数据的代表性软件为 Postgre SQL，用来发布空间数据的代表性软件包括 GeoServer、MapServer 等，用来进行前端交互的代表性软件包括 OpenLayers、Leaflet、Cesium等。限于篇幅，本书将在后续章节中对这些软件进行介绍，此处不再赘述。

第三节　开源 GIS 软件许可

开源许可协议(open source license)即授权条款，是一种法律许可，目的在于规范受著作权保护的软件的使用或者分发行为。我们接触到的开源软件一般都有对应的开源许可协议对软件的使用、复制、修改和再发布等进行限制。开源许可证是开源软件生态系统的基础，可以促进软件的协同开发。

常见的开源许可协议主要有 Apache、MIT、BSD、GPL、LGPL、MPL、SSPL 等，可以大致分为宽松自由软件许可协议(permissive free software license)和著佐权许可协议(copyleft license)两大类。宽松自由软件许可协议是一种对软件的使用、修改、传播等方式采用最低限制的自由软件许可协议条款类型。这种类型的软件许可协议将不保证原作品的派生作品会继续保持与原作品完全相同的相关限制条件，从而为原作品的自由使用、修改和传播等提供更大的空间。而著佐权许可协议是在有限空间内的自由使用、修改和传播，且不得违背原作品的限制条款。如果一款软件使用著佐权许可协议规定软件不得用于商业目的，且不得闭源，那么后续的衍生软件也必须遵循该条款。两者最大的差别在于：在软件被修改并再发行时，著佐权许可协议仍然强制要求公开源代码（衍生软件需要开源），而宽松自由软件许可协议不要求公开源代码（衍生软件可以变为专有软件）。

具体而言，Apache、MIT、BSD 都是宽松自由软件许可协议，GPL 是典型的强著佐权许可协议，LGPL、MPL 是弱著佐权许可协议。SSPL 则是近年来 MongoDB 创建的新许可协议，存在较大争议，开放源代码促进会（open source initiative，OSI）甚至认为 SSPL 并不是开源许可协议。

此外，还有一类是知识共享（creative commons，CC）协议。严格意义上说，该协议并不是真正的开源协议，它们大多被使用于设计类的工程上。CC 协议种类繁多，每一种都授权特定的权利。大多数比较严格的 CC 协议会声明“署名权，非商业用途，禁止衍生”条款，这意味着用户可以自由地分享这个作品，但不能改变它和对其收费，而且必须声明作品的归属。这个许可协议非常有用，它可以让创作者的作品传播出去，但又可以对作品的使用保留部分或完全的控制。最少限制的 CC 协议类型当属“署名”协议，这意味着只要人们能维护创作者的名誉即可，其他行为将不受限制。不同许可协议之间的差异如表 1-1 所示。

表 1-1 不同许可协议之间的差异

许可类型	著作权	著佐权	宽松自由软件	知识共享
允许用户如何处置代码	由创作者决定	在特定规则下由用户决定	在少量约束下由用户决定	由用户决定，无约束
使用条款	由创作者决定	衍生作品必须归于创作者、开源而且遵守著佐权许可	衍生作品必须归于某个创作者	衍生作品必须归于某个创作者
源代码是否开放	由创作者决定	必须开放	不强制要求	无相关条款
创作是否对程序漏洞负责	是	是	否	否
再授权	由创作者决定	衍生作品不得以私有软件形式发布	衍生作品可以以其他许可形式或者私有软件形式发布	衍生作品可以以其他许可形式或者私有软件形式发布
商业限制	由创作者决定	允许的	允许的	允许的

从表1-1可以看出，不同许可协议之间的差异非常大。读者可能会困惑，许可协议如此复杂的目的是什么呢？这就不得不从开源的历史讲起了。“开源”这个词最初其实是指开源软件(open source software，OSS)。开源软件是源代码可以任意获取的计算机软件，任何人都能查看、修改和分发他们认为合适的代码。在开源领域中，存在着两大阵营，即自由软件基金会(FSF)和开放源代码促进会(OSI)，他们对开源有着不同的理念。FSF由开源界泰斗斯托曼(RMS)于1985年10月组建，FSF创立之初主要是为了筹集资金来建设GNU的内核Hurd项目及工具链，虽然GNU项目本身没有完成，但是该过程中创造出的大量软件工具，日后成为了GNU/Linux的重要组成部分。为了贯彻RMS对“自由”和“开源”的理解，FSF建立了开源领域的第一个“copyleft”属性的许可证——GPL(GNU public license)。OSI由开源界泰斗Bruce Perens和Eric S. Raymond(ESR)在1998年组建，目的是在原教旨主义开源(最早的开源运动发起和推动者们)与软件工业/商业之间激烈矛盾中，寻求更平衡的体系和治理机制。OSI组织批准过的许可大概有80种，包括Apache License v2、GPL v2、MIT/BSD等。FSF与OSI是推广和维护开源秩序的非营利组织，负责“开源”的定义以及主要的开源软件协议递交、讨论与审核。只要条款被审核通过，确认是符合开放源代码定义的，就可以称之为开放源代码授权条款，采用开放源代码条款散布授权的软件即是开放源代码软件。若一件商业产品中包含有开放源代码软件，其包装上可以标上开放源代码促进会的证明标章，认识这个标章的用户就可以知道产品中有使用到开放源代码软件，进而因为开放源代码软件特有的优点而购买产品。下面，我们通过图1-1来简单了解一下常见开源许可协议之间的区别。

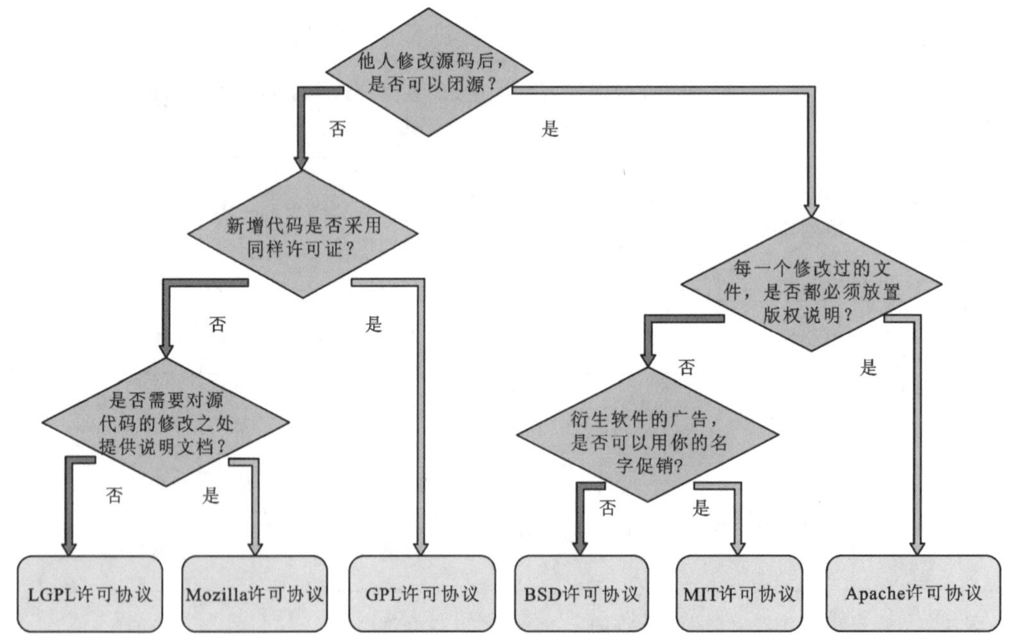

图1-1 常见开源许可协议区别

(引自 https://www.ruanyifeng.com/blog/2011/05/how_to_choose_free_software_licenses.html)

Apache许可协议：一个由Apache软件基金会发布的自由软件许可协议，最初为Apache HTTP服务器而撰写。此许可协议最新版本为v2，于2004年1月发布。Apache许可协议鼓励代码共享和尊重原作者的著作权，允许源代码修改和再发布。但是需要遵循以下条件：①需要给代码的用户一份Apache许可协议；②如果修改了代码，需要在被修改的文件中说明；③在衍生的代码中（修改和有源代码衍生的代码中）需要带有原来代码中的协议、商标、专利声明和其他原作者规定需要包含的说明；④如果再发布的产品中包含一个Notice文件，则在Notice文件中需要带有Apache许可协议，可以在Notice中增加许可，但是不可以表现为对Apache许可协议构成更改。总体而言，Apache许可协议也是对商业应用友好的许可。使用者也可以在需要的时候修改代码来满足并作为开源或商业产品发布/销售。例如，在一个使用Apache许可协议的开源项目中，其下游Fork的企业不仅没有回馈上游开源项目，反而将衍生的代码更改为不受OSI认可的SSPL许可协议，另行宣布成为一个新的开源项目，误导了很多不明真相的人以为又涌现出一个新的开源项目。该行为其实已经对原开源项目的合法权益造成了侵害，也有悖开源精神。

MIT许可协议：此名源自美国麻省理工学院，又称"X条款"（X license）或"X11条款"（X11 license）。MIT许可协议内容与"三条款BSD许可协议"（3 - clause BSD license）内容颇为近似，但是赋予软件被授权人更大的权利与更少的限制。有许多团体均采用MIT许可协议。例如著名的ssh连接软件PuTTY与X Window System（X11）。Expat、Mono开发平台库、Ruby on Rails、Lua 5.0 onwards等也都采用MIT授权条款。

BSD许可协议：自由软件中使用广泛的许可协议之一。BSD就是遵照这个许可协议来发布，也因此而得名BSD许可协议。BSD最初所有者是美国加利福尼亚大学的董事会，这是由于BSD源自美国加利福尼亚大学伯克利分校。BSD发布后，BSD许可协议得以修正，使得以后许多BSD变种都采用类似风格的条款。与其他条款相比，从GNU通用公共许可协议（GPL）到限制重重的著作权（copyright），BSD许可协议比较宽松，甚至与公有领域（public domain）更为接近。事实上，BSD许可协议被认为是中间著作权（copycenter），介于标准的copyright与GPL的copyleft之间。可以说，GPL强制后续版本必须一样是自由软件，BSD的后续版本可以选择是继续遵守BSD许可协议，或是遵守其他自由软件条款，甚至是成为闭源软件等。

GPL许可协议：与BSD、Apache等鼓励代码重用的许可协议很不一样，GPL协议的出发点是代码的开源/免费使用和引用/修改/衍生代码的开源/免费使用，但不允许修改后和衍生的代码作为闭源的商业软件发布和销售。由于GPL严格要求使用了GPL类库的软件产品必须使用GPL许可协议，对于使用GPL许可协议的开源代码，商业软件或者对代码有保密要求的部门就不适合集成/采用此协议作为类库和二次开发的基础。

LGPL许可协议：以GPL为主要类库使用设计的开源协议。与GPL要求任何使用/修改/衍生自GPL类库的软件必须采用GPL协议不同，LGPL允许商业软件通过类库引用（link）方式使用LGPL类库而不需要开源商业软件的代码。这使得采用LGPL许可协议的开源代码可以被商业软件作为类库引用并发布和销售。但是如果修改采用LGPL许可协议的代码或者对其进行衍生，则所有修改的代码、涉及修改部分的额外代码和衍生的代码都必须采用LGPL许可协议。因此采用LGPL许可协议的开源代码很适合作为第三方类库被商业软件引用,但不适合希望以采用LGPL许可协议的代码为基础,通过修改和衍生的方式做二次开发的商业软件采用。

SSPL许可协议:MongoDB创建的一个源码可用的许可协议,以体现开源的原则,同时提供保护,防止公有云供应商将开源作品作为服务提供而不回馈此开源作品。SSPL允许自由和不受限制地使用和修改开源作品,但如果使用者将此开源作品作为服务提供给别人,也必须在SSPL下公开发布任何修改以及管理层的源代码。OSI对SSPL颇有微词,认为SSPL不是开源许可协议,实际上是一个源代码可用的许可协议。

Elastic许可协议:非商业许可协议,核心条款是如果将产品作为SaaS使用则需要获得商业授权。

最后,简要总结各种常见开源许可协议的差异(表1-2)。

表1-2 常见开源许可协议的差异

许可协议	代表性软件	主要特点
GPL v2	Linux	GPL的出发点是代码的开源/免费使用和引用/修改/衍生代码的开源/免费使用,但不允许修改后和衍生的代码作为闭源的商业软件发布和销售
BSD	X Windows、FreeBSD、Apache、Perl、Python、Ruby	特点是虽然保留版权,但是可以免费修改、免费重新发布,而且允许商业使用,允许商业修改后不公布修改的软件代码。BSD许可是对商业软件友好的授权方式(苹果的OS X和IOS都是基于FreeBSD开发的)
GPL	Linux、GCC、KDE、GNOME	允许免费修改、免费重发布,但要求修改代码必须遵守GPL,因此是对商业不友好的授权。如果开源软件的开发要借助社区的力量,那么最好是用GPL授权,因为这样可以防止商业软件抢走用户而导致开源软件的使用者和开发者不足
LGPL	LGPL	LGPL是GPL系列中对商业更友好的方式,允许商业代码链接LGPL代码,这样商业软件在利用LGPL软件的同时能够很大程度上保留商业利益
MPL	Mozilla、Openoffice	允许免费重发布、免费修改,但要求修改后的代码版权归软件的发起者,这样发起者和组织者具有更优越的地位。MPL也是对商业友好的,并且用一些优惠来鼓励商业软件开源
Apache License	Android	和BSD类似

第四节 主要开源GIS软件介绍及选择导引

开源GIS软件大致可以分为桌面软件、遥感软件、探索性分析软件、空间数据库、地图服务器、GIS服务器、WebGIS客户端、移动GIS、GIS类库等。不同开源GIS软件类型可以实现的典型功能如表1-3所示。

表 1-3 不同开源 GIS 软件实现的典型功能

GIS 软件类型		查询	存储	探索	创建地图	编辑	分析	转换
桌面软件	查看器	●	●	●	○			
	编辑器	●	●	●	●	●		○
	分析器	●	●	●	●	●	●	●
遥感软件			●	●	○	●	●	●
探索性分析软件		●	●	●	●	○	●	●
空间数据库		●	●				○	●
地图服务器		●		●	●	○		
GIS 服务器			●		●		●	●
WebGIS 客户端	瘦客户端	●		●				
	胖客户端	●	●	●	●	●	●	
移动 GIS		●	●	●		●		
GIS 类库			●		●		●	●

注:●-标准功能;○-可选功能。

按照前文所提及的分类标准,当前已有开源 GIS 软件的详细软件地图如图 1-2 所示。

图 1-2 开源软件地图

正如序中所述，由于不同的开源软件各自有其优缺点，根据应用目的的不同，不同软件的适用范围也存在差异。具体而言，在选择自由开源软件时，可以参照如表 1 - 4 所示的评价标准。

表 1 - 4　开源 GIS 软件应用的评价标准

应用领域	业务领域	研究领域	教育领域
GIS 应用目标	高效地完成特定领域的任务	用特定理论和算法来解决某些学科的问题	解释和验证特定理论和方法
功能指标	必需的功能	必需的功能	必需的功能
	最好具备的功能	最好具备的功能	可用性
	项目路径地图	可定制选项	可定制选项
	用户层面（查看器、编辑器、分析器）		
	可用性		
	可定制选项		
技术指标	支持的操作系统	支持的操作系统	支持的操作系统
	编程语言	编程语言	可靠性
	可靠性	可维护性	可维护性
	可维护性	可重复性	
组织指标	规模/现有用户和开发者群体	规模/现有用户和开发者群体	规模/现有用户和开发者群体
	项目驱动与领导机制	项目驱动与领导机制	管理方式
	管理方式		
支持指标	上门/远程支持	文档	文档
	文档	邮件列表	邮件列表
	邮件列表	论坛	论坛
	论坛	在线知识系统	在线知识系统
	在线知识系统		用户论坛或会议
经济指标	迁移成本	培训成本	维护成本
	培训成本	维护成本	
	维护成本		
法律指标	开源许可类型	开源许可类型	

具体到选择自由开源软件时，可以通过如表 1 - 5 所示的问题导引来帮助决策，以便实现正确的选择。

表 1-5　开源 GIS 软件选择的问题导引

评价指标	导引问题
功能	能否提供详细的应用案例来展示软件可以做什么？哪些不能做？
	是否需要创建地图？是否需要分析功能？是否需要一个简易的数据浏览器？是否需要一个编辑器或分析器？
	数据是矢量格式还是栅格格式？
	数据存储在文件中还是在数据库中？是否需要写入数据？
平台	用户日常工作的操作系统是 Windows、Mac OS X 和 Linux 中的哪一种？还是需要跨操作系统特性？
支持	用户和开发者熟悉哪种编程语言？
	是否需要电话热线和紧急支持？
	功能需求是否需要定制开发？
其他	是否正在使用免费或者低成本的软件？

第二章　基于 Python 的 GIS 数据处理与可视化分析

第一节　简　介

数据是地理信息系统的灵魂，其质量是决定系统建设成败的关键。随着遥感、物联网、云计算等技术不断发展，GIS 的数据来源越来越丰富。除了相对传统的遥感图、地形图、纸质地图等数据源以外，兴趣点（point of interest，POI）、出租车轨迹、公交地铁刷卡、手机信令、社交媒体位置签到、腾讯迁徙图、百度热力图等基于位置服务（location based services，LBS）的“社会感知”类数据越来越受到 GIS 从业人员的青睐与重视。Python 作为一门简单易用、社区成熟、第三方类库异常丰富的程序语言，天生擅长大数据处理和交互制图任务，完全可以胜任 GIS 应用所需的数据采集、处理、制图与分析等全过程。由于 Python 空间数据分析涉及的内容繁多，本书无法面面俱到，一一兼顾。为突出重点和节约篇幅，本章主要讲解和展示利用 Python 和开源软件进行 GIS 数据处理与可视化分析的基本流程。

本章的 Python 代码编写工具是 JupyterLab。与部分读者们较为熟悉的 Jupyter Notebook 相比，JupyterLab 可以被视为进化版的 Jupyter Notebook。JupyterLab 作为一种基于 Web 的集成开发环境，用户可以使用它实现编写 notebook、操作终端、编辑 markdown 文本、打开交互模式、查看 csv 文件及图片等功能。读者可以使用 pip、conda 等命令安装 JupyterLab。如果使用 pip 安装，需在命令行执行“pip install jupyterlab”。如果是 Anaconda 用户，那么可以使用 conda 命令“conda install - c conda - forge jupyterlab”进行安装。JupyterLab 安装成功后，在命令行使用“jupyter - lab”或“jupyterlab”命令即可运行 JupyterLab，然后操作系统中的默认浏览器会自动打开 JupyterLab。启动后的 JupyterLab 界面如图 2 - 1 所示。

图 2 - 1 右侧的选项卡称为启动器，用户可以新建 notebook、console、terminal 或者 text 文本。当创建新的 notebook 或其他项目时，启动器会消失。如果想新建文档，只需单击左上角的“＋”按钮。

Echarts 是一个由百度提供的开源数据可视化工具，凭借着良好的交互性和精巧的图表设计，得到了众多开发者的青睐。pyecharts 则是一个用于生成 Echarts 图表的 Python 类库。使用 pyecharts 可以生成独立的网页，也可以在 flask、django 中集成使用。pyecharts 的官方网站地址为 https://pyecharts. org/#/。pyecharts 分为 v0. 5. X 和 v1 两个大版本，v0. 5. X 和 v1 间不兼容，官方建议使用 v1 版本，因此，本书使用的是 v1 版本。安装 pyecharts 的 pip 命令为“pip install pyecharts”。

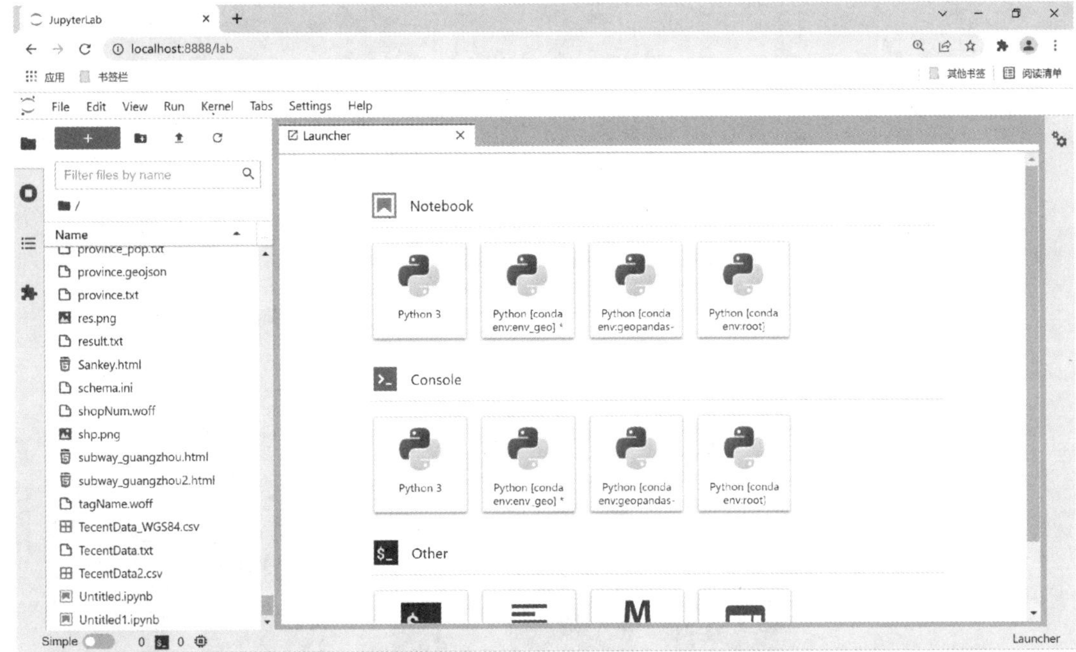

图 2－1　JupyterLab 界面

在 JupyterLab 启动器中新建一个 notebook，在第一个单元(cell)中输入如下代码来查看 pyecharts 版本：

```
import pyecharts
from pyecharts.charts import Bar
print(pyecharts.__version__)
```

该单元代码运行结果为 1.9.0，即为本书使用的 pyecharts 版本号。

参考官方主页的快速上手教程(网址为 https://pyecharts.org/#/zh-cn/quickstart)，在 notebook 中继续输入以下代码，来进行柱状图的快速绘制：

```
bar=Bar()
bar.add_xaxis(["衬衫","羊毛衫","雪纺衫","裤子","高跟鞋","袜子"])
bar.add_yaxis("商家 A",[5,20,36,10,75,90])
#render 会生成本地 HTML 文件，默认会在当前目录生成 render.html 文件
#也可以传入路径参数，如 bar.render("mycharts.html")
bar.render()
```

该单元代码会在当前目录生成 render.html 文件。双击用浏览器打开 render.html 文件，即可查看绘制图形的效果，如图 2－2 所示。

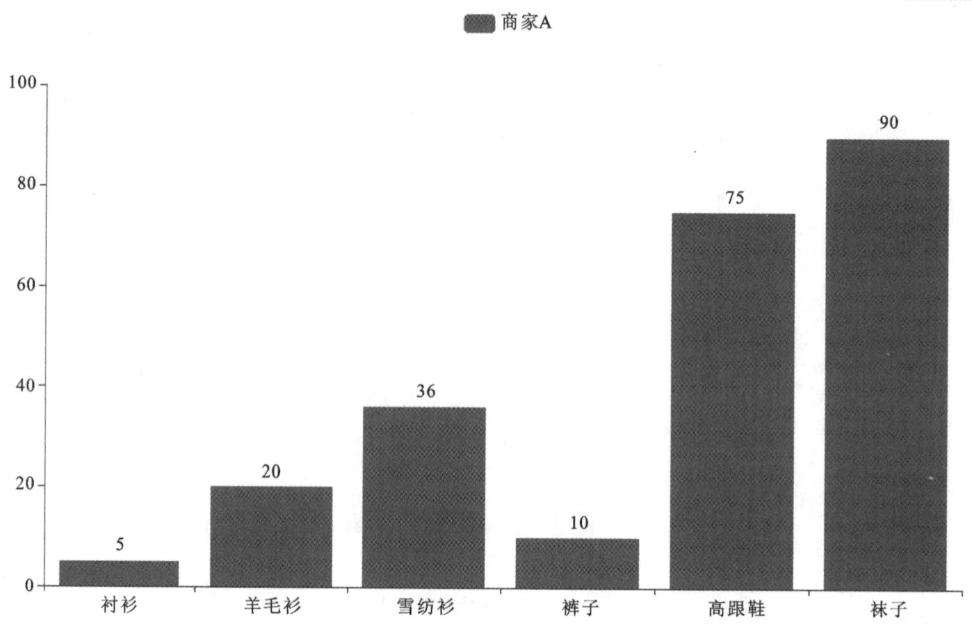

图 2-2　pyecharts 柱状图绘制结果

第二节　GIS 数据采集与处理

数据采集是GIS从业人员永恒的话题，熟练利用互联网进行数据采集则是GIS从业人员必备的能力。通常来讲，寻找GIS数据主要通过以下几种途径：GIS数据门户网站、数据或算法竞赛、基于数据服务商的API开发和搜索引擎。需要指出的是，本书重点介绍通过网络查找相对低廉甚至免费开放的数据资源，通过网络购买的数据资源不在本书讨论之列。

一、GIS 数据门户网站

当前互联网上可以访问的GIS数据网站数量众多，而且在不断更新中。本书仅列出几个代表性的中文和国际网站以供读者参考。

(1)中国科学院资源环境科学数据中心(http://www.resdc.cn/Default.aspx)。该网站可以利用手机号注册，1天可以下载5条免费数据。

(2)全球变化科学研究数据出版系统(http://geodoi.ac.cn/WebCn/Default.aspx)。该系统主要包括《地理学报》《地理科学》《地理研究》《地理科学进展》等地理类期刊发表论文的数据，数据来源可靠，可以直接下载。

(3)中国科学数据(http://www.csdata.org/)。这是一个在线数据期刊，数据与特定论文主题相关。

(4)国家地球系统科学数据中心(http://www.geodata.cn/)。这是一个国家级的权威数据平台，网页内的绝大部分数据都需要申请。网页的最下方还列出了国家科技平台链接信息，其中包括了众多国家数据平台。网站页面如图 2-3 所示。

图 2-3　国家地球系统科学数据中心网站页面

(5)地理空间数据云(http://www.gscloud.cn/)。这是一个主要提供遥感影像、DEM 等数据下载的网站。数据目录主要分为公开数据、高分辨率数据、数据汇 3 类。网站页面如图 2-4 所示。

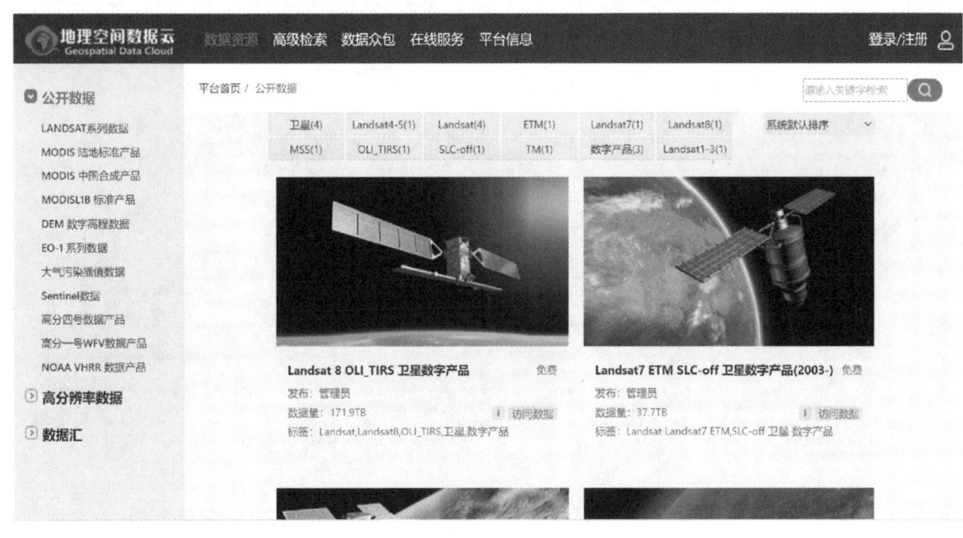

图 2-4　地理空间数据云网站页面

(6)大数据 123 网站(http://www.dashuju123.com/)。这是一个类似 hao123 的网站,提供标准地图、遥感数据、企业数据等多种类型数据的一站式访问页面。网站页面如图 2-5 所示。

图 2-5　大数据 123 网站页面

(7)Free GIS Data(http://freegisdata.rtwilson.com/)。这是一个数据类型异常丰富的门户网站,包罗万象,十分推荐。网站页面如图 2-6 所示。

图 2-6　Free GIS Data 网站页面

二、数据或算法竞赛

由企业、政府机构举办的数据或算法类竞赛是获取 GIS 数据的另一条重要途径。国外的数据竞赛网站较多，包括 Kaggle、Driven Data、Codalab、KDD CUP 等。其中，世界范围内最具影响力的数据竞赛网站应该非 Google 旗下的 Kaggle 莫属了。Kaggle 成立于 2010 年，主要是为开发商和数据科学家提供举办机器学习竞赛、托管数据库、编写和分享代码的在线平台。目前该平台已经吸引了众多科学家和开发者的关注，有众多奖金丰厚的竞赛，同时也积累了数量众多的数据和代码。理论上来讲，Kaggle 欢迎任何数据科学的爱好者，不过实际上，要想真正参与其中，还是有一定门槛的。一般来讲，参赛者最好具有统计、计算机或数学相关背景，有一定的编程技能，对机器学习和深度学习有基本的了解。Kaggle 平台的网址为 https://www.kaggle.com/，网站页面如图 2－7 所示。

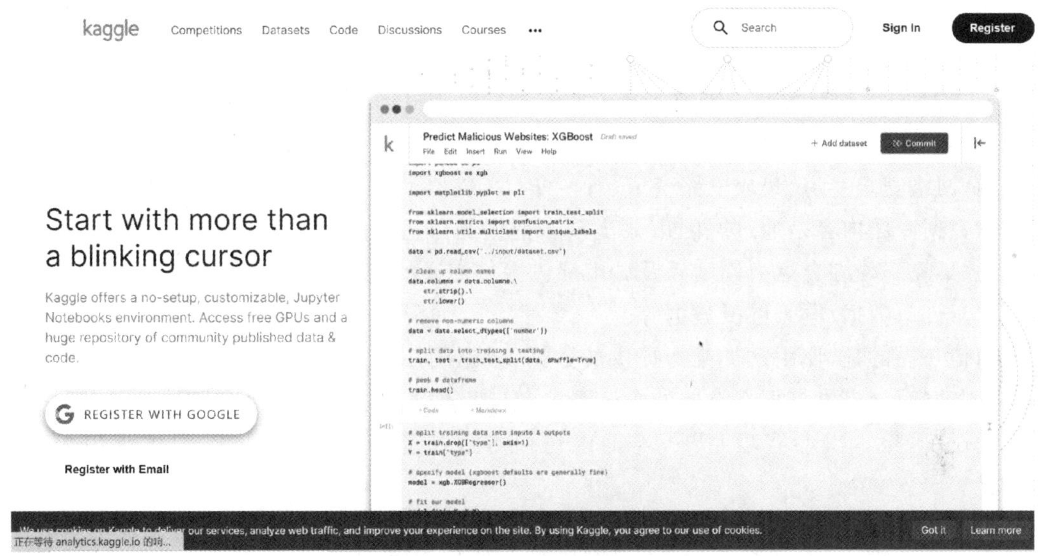

图 2－7　Kaggle 平台网站页面

目前国内比较有影响力的数据竞赛包括以下 5 项。

（1）阿里云天池大数据比赛。天池大数据竞赛是由阿里巴巴集团主办，为面向全球科研工作者的高端算法竞赛。通过开放海量数据和分布式计算资源，大赛让所有参与者有机会运用其设计的算法解决各类社会问题或业务问题。其中，2014 年赛季的竞赛主题要求参赛者根据交通数据模拟控制红绿灯时间，寻找减轻道路拥堵程度的方法，竞赛数据包括贵阳市公交车 GPS 数据、出租车 GPS 数据、高德导航数据等在内的海量脱敏交通数据。

（2）上海开放数据创新应用大赛（SODA 大赛，http://soda.data.sh.gov.cn/index.html）。SODA 大赛是由上海市经济和信息化委员会主办的开放数据创新应用大赛，是全球创新创业团队围绕开放数据创新应用方案的交流展示平台和盛会，大赛秉承"数据众筹，应用众创，问题众治"的理念，激发全社会对开放数据开发利用的热情，为开放数据的价值实现打造标杆示范。从2015年开始举办，迄今已举办7届比赛，历届比赛涉及的GIS数据包括地铁和公交刷卡数据、出租车GPS数据等。

(3)DataCastle大数据竞赛平台(https://www.dclab.run/index.html)。据网站介绍显示，该平台为国内领先的大数据与人工智能竞赛平台，提供在线编程工具DCLab、数据集、开源分享和在线课程，拥有20万数据科学领域用户。2016年成都优易数据有限公司在该平台举办了算法赛，大赛主题为交通线路通达时间预测，提供的数据为成都市超过1.4万辆出租车的超过14亿条GPS记录、微博位置签到等GIS数据。

(4)Biendata数据竞赛平台(https://www.biendata.xyz/)。该平台在2017年曾举办摩拜杯算法挑战赛，比赛数据包括北京地区约300万条摩拜单车出行记录数据，其中单车地理位置数据通过Geohash加密，比赛信息参见https://www.biendata.xyz/competition/mobike/。

(5)数字中国创新大赛(https://dcic.datafountain.cn/)。数字中国创新大赛由数字中国建设峰会组委会主办，组委会希望通过大赛吸引更多优秀人才关注数字中国建设，汇聚大众创业万众创新的新方向、新观点和新思路，共同推动数字技术创新应用和数字产业发展。2021年数字中国创新大赛仍采取多赛道并行的竞赛形式，围绕行业数字化与信息技术创新应用等设置8个赛道，分别为数字党建赛道、数字政府赛道、大数据赛道、智慧医疗赛道、鲲鹏赛道、网络安全赛道、集成电路赛道、青少年AI机器人赛道。其中，大数据赛道中的城市管理大数据专题内容是通过厦门市共享单车数据的分析，开展早高峰共享单车潮汐点的群智优化、早晚高峰综合运力调度以及城市绿色慢行交通的友好度评价，竞赛数据包括厦门市共享单车订单数据、电子围栏数据等。

值得一提的是，使用这类竞赛提供的数据，数据的用途会受到严格的限制。例如，多数竞赛举办方都会提供与下文类似的协议要求参与者遵守："主办方提供参赛团队的数据资源如未经授权，除本次参赛项目外，不得以任何方式披露或另作他用，否则将承担相关法律责任。"

三、基于数据服务商的应用程序接口(API)开发

目前国内外主流的互联网地图服务平台包括高德地图、天地图、百度地图、腾讯地图、谷歌地图、必应地图等。通过应用程序接口提供数据服务是各平台的主流方式。事实上，各平台的API体系结构、访问方式、版本更新历史都有所差别。感兴趣的读者请自行查阅平台网站获取API文档。在此，本节仅以高德地图API为例，简要介绍如何获取GIS数据。

1. 利用高德地图API获取广州市地铁线路坐标数据

首先，访问高德地图的地铁网页，网址为http://map.amap.com/subway/index.html?&1100。在该网页中通过鼠标点击切换到所关注的城市页面(本案例中是广州市)。

然后，在谷歌浏览器中利用开发者工具查看地铁网页，可以发现地铁线路数据是以json数据的形式提供。在浏览器开发者工具中查看地铁网页的界面如图2-8所示。

在开发者工具中可以发现，针对广州市的页面，获取地铁线路数据的URL有2个，分别为：①http://map.amap.com/service/subway?_1644752223209&srhdata=4401_drw_guang-

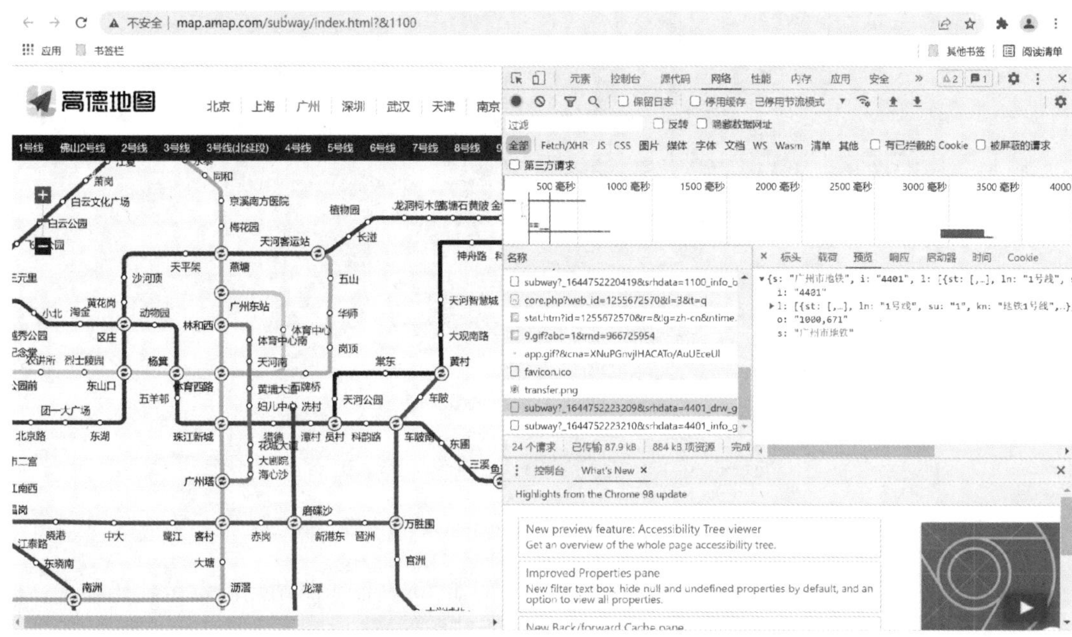

图 2 - 8　高德地图地铁网页的开发者工具界面

zhou. json; ② http://map. amap. com/service/subway? _1644752223210&srhdata=4401_info_guangzhou. json。两个 URL 的 json 数据内容分别如图 2 - 9 和图 2 - 10 所示。

图 2 - 9　drw_guangzhou. json 数据内容

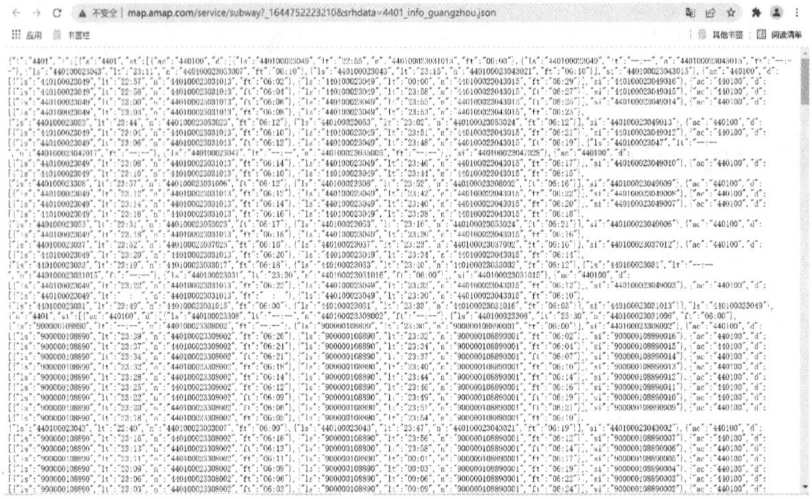

图 2-10　info_guangzhou.json 数据内容

接着，即可利用 Python 解析 json 获取数据。例如，获取各线路站点的示范代码如下：

```
url=
'http://map.amap.com/service/subway?_1615494419554&srhdata=4401_drw_guangzhou.json'
response=requests.get(url)
result=json.loads(response.text)
stations=[]
for i in result['l']:
    station=[]
    for a in i['st']:
        station.append([float(b)for b in a['sl'].split(',')])
    stations.append(station)
pprint.pprint(stations)
```

上述代码运行后，部分结果如图 2-11 所示。

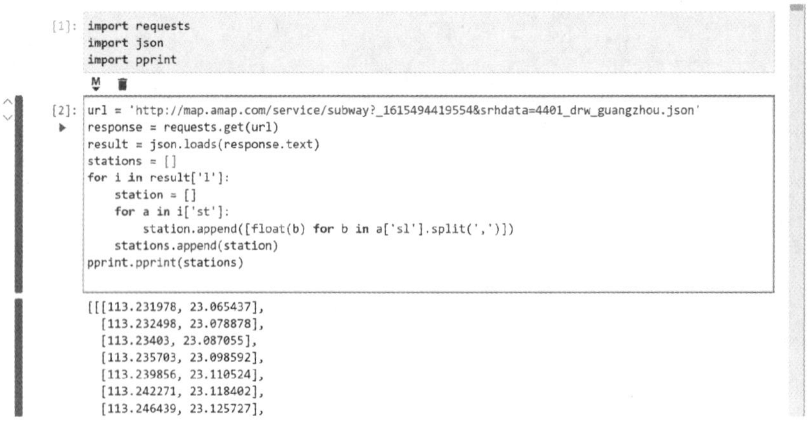

```
[1]: import requests
     import json
     import pprint

[2]: url = 'http://map.amap.com/service/subway?_1615494419554&srhdata=4401_drw_guangzhou.json'
     response = requests.get(url)
     result = json.loads(response.text)
     stations = []
     for i in result['l']:
         station = []
         for a in i['st']:
             station.append([float(b) for b in a['sl'].split(',')])
         stations.append(station)
     pprint.pprint(stations)

     [[[113.231978, 23.065437],
       [113.232498, 23.078878],
       [113.23403, 23.087055],
       [113.235703, 23.098592],
       [113.239856, 23.110524],
       [113.242271, 23.118402],
       [113.246439, 23.125727],
```

图 2-11　解析地铁 json 数据代码

需要指出的是，在本书编写时可以确保重现上述代码的运行结果。然而，高德地图的数据提供方式、API 等特征可能会随着时间推移发生变化，因此，无法保证本书所示的在线数据和代码一直可用。

2. 获取腾讯位置大数据案例

腾讯位置大数据网址为 https://heat.qq.com/。腾讯位置大数据接口是基于 HTTPS 协议的数据接口，支持现有大多数操作系统和开发语言。客户可通过自定义勾画区域方式，实时生成区域内的数据信息，通过接口完成对区域数据的提取。除了星云图，腾讯位置大数据还提供了区域信息、人流、热力图等数据的接口。本书以获取广州市范围内的星云图数据为例进行讲解。示范代码如下：

```
#导入所需要的类库
import requests
import json
import pandas as pd
import time
import math
import datetime

#定义函数，用来获取腾讯星云图数据
def get_TecentData(count=4,rank=0):#默认从 rank=0 开始
    url='https://xingyun.map.qq.com/api/getXingyunPoints'#星云图数据 API 的访问 URL
    locs=''#定义变量 locs 用来设置采集的范围
    paload={'count':count,'rank':rank}#定义列表用来控制采集数量
    response=requests.post(url,data=json.dumps(paload))#向服务器 post 命令
    datas=response.text#获取服务器的响应数据
    dictdatas=json.loads(datas)#loads 是将 str 转为 dict 格式
    time=dictdatas["time"]#有了 dict 格式就可以根据关键字提取数据;首先提取时间
    print(time)
    locs=dictdatas["locs"]#然后提取 locs
    locss=locs.split(",")#分割字符串
    temp=[]#定义一个临时列表 temp
    for i in range(int(len(locss)/3)):
        lat=locss[0+3*i]#获取经度
        lon=locss[1+3*i]#获取纬度
        count=locss[2+3*i]
        if(2220<int(lat)<2400 and 11280<int(lon)<11410):#获取特定范围内的数据
            #(广州位于东经 112 度 57 分至 114 度 3 分,北纬 22 度 26 分至 23 度 56 分)
            #列表 temp 中添加记录,包括时间,纬度,经度,定位次数(除以 100 的原因是腾讯对定
            位数据做了放大 100 倍的操作)
            temp.append([time,float(lat)/100,float(lon)/100,count])
```

```
        result=pd.DataFrame(temp) #将数据写入 pandas
        result.dropna() #滤除缺失数据
        result.columns=['time','lat','lon','count']
        filename='TecentData.csv'
        result.to_csv(filename,mode='a',index=False) #以 append 模式写入数据到 txt 文件

for j in range(6): #利用循环结构来重复获取数据
    for i in range(4):
        get_TecentData(4,i)
    time.sleep(180) #利用 sleep 函数暂停 180 秒
```

对上述代码进行简要说明如下：由于 Excel 文件有最大行数(1 048 567)限制，因此采用 csv 格式文件保存采集到的数据。受到星云图服务的限制，本书写作时只能采集实时数据，无法获取历史数据。此外，数据更新频率由以前的 5min/次变成现在的 1s/次，数据的精度由以前的 1km 变成现在的 5km。由于所提供的数据中经纬度被放大了 100，所以在代码中需要除以 100。考虑到腾讯位置大数据每次返回的数据都是全球的数据，而且更新周期较短，如果全部采集，获取到的数据量将会很大，因此在代码中通过一个 if 语句，增加一段控制爬取数据范围的代码，可根据需求进行调整。此外，还增加了一段控制数据采集间隔时间的代码，示范代码中以每 3min(180s)为间隔爬取数据。

采集得到的星云图数据包括了定位点的时间、经纬度以及定位次数的数据。具体结构如下所示：

```
time,lat,lon,count
2021-10-27 09:53:40,22.6,114.1,80
2021-10-27 09:53:40,22.6,114.05,69
2021-10-27 09:53:40,22.95,113.85,97
2021-10-27 09:53:40,23.0,113.55,3
```

由于腾讯星云图数据的经纬度使用的是国家测绘局坐标系统(GCJ-02)，因此需要将其转换为 WGS84 坐标系。

(1)定义坐标转换函数。具体代码直接引用了 CSDN 博主 geodoer 的文章，具体如下：

```
x_pi=3.14159265358979324*3000.0/180.0
pi=3.1415926535897932384626  #π
a=float(6378245.0)  #长半轴
ee=0.00669342162296594323  #扁率
def gcj02towgs84(lng,lat):
    """
    GCJ02(火星坐标系)转 WGS84
    :param lng:火星坐标系的经度
    :param lat:火星坐标系的纬度
```

```
    :return:
    """
    dlat=transformlat(lng - 105.0,lat - 35.0)
    dlng=transformlng(lng - 105.0,lat - 35.0)
    radlat=lat/180.0 * pi
    magic=math.sin(radlat)
    magic=1 - ee * magic * magic
    sqrtmagic=math.sqrt(magic)
    dlat=(dlat * 180.0)/ ((a * (1 - ee))/ (magic * sqrtmagic) * pi)
    dlng=(dlng * 180.0)/ (a/sqrtmagic * math.cos(radlat) * pi)
    mglat=lat+dlat
    mglng=lng+dlng
    return [lng * 2 - mglng,lat * 2 - mglat]

def transformlat(lng,lat):
    ret=-100.0+2.0 * lng+3.0 * lat+0.2 * lat * lat+\
        0.1 * lng * lat+0.2 * math.sqrt(math.fabs(lng))
    ret+=(20.0 * math.sin(6.0 * lng * pi)+20.0 *
            math.sin(2.0 * lng * pi)) * 2.0/3.0
    ret+=(20.0 * math.sin(lat * pi)+40.0 *
            math.sin(lat/3.0 * pi)) * 2.0/3.0
    ret+=(160.0 * math.sin(lat/12.0 * pi)+320 *
            math.sin(lat * pi/30.0)) * 2.0/3.0
    return ret

def transformlng(lng,lat):
    ret=300.0+lng+2.0 * lat+0.1 * lng * lng+\
        0.1 * lng * lat+0.1 * math.sqrt(math.fabs(lng))
    ret+=(20.0 * math.sin(6.0 * lng * pi)+20.0 *
            math.sin(2.0 * lng * pi)) * 2.0/3.0
    ret+=(20.0 * math.sin(lng * pi)+40.0 *
            math.sin(lng/3.0 * pi)) * 2.0/3.0
    ret+=(150.0 * math.sin(lng/12.0 * pi)+300.0 *
            math.sin(lng/30.0 * pi)) * 2.0/3.0
    return ret
```


##原文链接：https://blog.csdn.net/summer_dew/article/details/8072343。

(2)读取先前采集的数据，执行坐标转换操作，并保存更新后的数据。参考代码具体如下：

```
#读取采集的数据
df=pd.read_csv('TecentData.csv')
###把经纬度转化为数字格式(原先是字符串)
df['lon']=pd.to_numeric(df['lon'],errors='coerce')
df['lat']=pd.to_numeric(df['lat'],errors='coerce')
#对经纬度坐标进行转换
for i in range(len(df)):
    df.loc[i,'lon_wgs']=gcj02towgs84(df.loc[i,'lon'],df.loc[i,'lat'])[0]
    df.loc[i,'lat_wgs']=gcj02towgs84(df.loc[i,'lon'],df.loc[i,'lat'])[1]
df.to_csv('TecentData_WGS84.csv') #保存新数据
```

执行上述代码后，即可获取腾讯星云图数据，并将其坐标转换为 WGS84 坐标系以便进行后续分析操作。部分采集结果如表 2-1 所示。

表 2-1 腾讯星云图采集结果示例

	time	lat	lon	count	lon_wgs	lat_wgs
0	2021/10/27 9:53	22.6	114.1	80	114.0949	22.60268
1	2021/10/27 9:53	22.6	114.05	69	114.0449	22.60273
2	2021/10/27 9:53	22.95	113.85	97	113.845	22.95289
3	2021/10/27 9:53	23	113.55	3	113.5449	23.00287
4	2021/10/27 9:53	22.25	113.4	37	113.3945	22.25265
5	2021/10/27 9:53	22.7	112.9	3	112.895	22.70303
6	2021/10/27 9:53	22.75	113.2	3	113.1947	22.75279
7	2021/10/27 9:53	23.5	113.1	5	113.0945	23.50241
8	2021/10/27 9:53	22.5	113.4	8	113.3945	22.50269
9	2021/10/27 9:53	23	113.1	133	113.0945	23.00255
10	2021/10/27 9:53	23	113.85	27	113.845	23.00287

再次提醒，在本书写作时间节点(2022 年 2 月 13 日)，可以确保重现上述代码的运行结果。然而，腾讯位置大数据的提供方式、API 等特征可能会随着时间推移发生变化，因此无法保证本书所示的在线数据和代码一直保持可用。

四、利用搜索引擎检索数据

众所周知，信息检索能力会影响到一个人的竞争力、工作学习效率和对世界的认知，可以称得上是现代人的必备技能。如今，互联网上可供使用的搜索引擎种类繁多，如谷歌

(Google)搜索、百度搜索、微软必应搜索等。各个搜索引擎的功能、效率、结果匹配度等指标也各不相同。从笔者的主观体验来看,Google 搜索引擎的结果相对准确。诚然,这种体验是主观的,是因人而异的。

接下来,以 Google 搜索引擎为例,对常用搜索技巧进行简要介绍。针对常规搜索来说,需要注意几个关键点:不区分大小写规则、排除标点符号规则、检索词的词序和邻近规则等。Google 搜索引擎的高级技巧如图 2-12 所示。

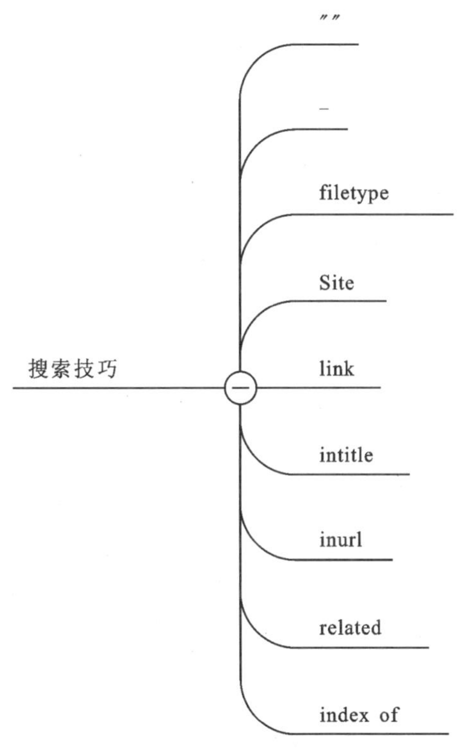

图 2-12 Google 搜索引擎的高级技巧

详细的 Google 搜索引擎使用技巧可以参见网络文章《搜索引擎的使用》,文章的访问网址为 https://blog. 51cto. com/u_15345348/3660357,感兴趣的读者请自行查阅。运用 Google 搜索引擎,以"航班数据可视化 Python"为关键字进行查询,查询结果界面如图 2-13 所示。

从图 2-13 所示的查询结果的第一条记录中获取了一份全国航班数据。该网页网址为 https://zhuanlan. zhihu. com/p/36499154,文章题目为《使用 Python 多进程爬取全国航班数据与可视化【附代码与 excel 数据(包含经纬度坐标)】》,作者为安乎挚。从文章中可以获取航班数据的存放链接为 https://pan. baidu. com/s/149x089ZdxMQXZbymentYwQ ,密码为 p1rn(截至 2022 年 2 月 14 日 15 时,该网页和百度云盘网址均可正常访问)。获取的航班数据为 xls 格式,部分数据内容如图 2-14 所示。

search.みさか.tw/search?q=航班数据可视化+python&ei=gelJYvGICKGS0PEP2eGz-AM&start=0&sa=N&v

应用　书签栏

航班数据可视化 python

全部　图片　新闻　视频　地图　更多　工具

找到约 76,700 条结果 （用时 0.35 秒）

https://zhuanlan.zhihu.com › ...

使用python多进程爬取全国航班数据与可视化【附代码与excel ...

2018年06月04日使用本文数据进行研究的同学，请注明出处即可。 ... 使用python多进程爬取全国航班数据与可视化【附代码与excel数据（包含经纬度坐标）】.

https://blog.csdn.net › article › details

数据可视化：python调用pyecharts库绘制航线专题图 - CSDN ...

2019年11月25日 — 写在前面这学期上了数据通讯这门课，其中有一个作业是要求爬取某一天各重要城市到上海虹桥以及上海浦东两机场的航班信息，然后进行可视化、数据分析。

https://blog.csdn.net › article › details

飞机qar数据可视化- 轻松构建航班跟踪应用！ - CSDN博客

2020年12月30日 — 本文将使用最新的python库，特别是绘图库。所以代码会略有不同。 闲话少说，现在开始介绍怎样通过python使用开放航空交通数据构建航班跟踪应用。本文由 ...

https://www.its203.com › article

数据可视化：python调用pyecharts库绘制航线专题图 - 程序员 ...

写在前面这学期上了数据通讯这门课，其中有一个作业是要求爬取某一天各重要城市到上海虹桥以及上海浦东两机场的航班信息，然后进行可视化、数据分析。

图 2-13 “航班数据可视化 Python”查询结果

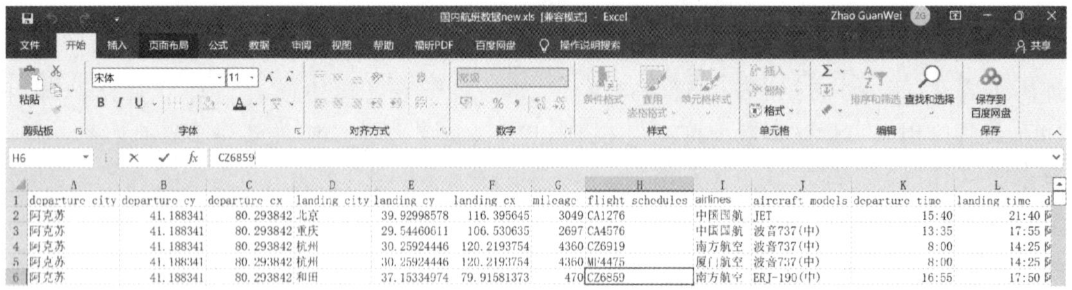

	A	B	C	D	E	F	G	H	I	J	K	L
1	departure city	departure cy	departure cx	landing city	landing cy	landing cx	mileage	flight schedules	airlines	aircraft models	departure time	landing time
2	阿克苏	41.188341	80.293842	北京	39.92998578	116.395645	3049	CA1276	中国国航	JET	15:40	21:40
3	阿克苏	41.188341	80.293842	重庆	29.54460611	106.530635	2697	CA4576	中国国航	波音737(中)	13:35	17:55
4	阿克苏	41.188341	80.293842	杭州	30.25924446	120.2193754	4360	CZ6919	南方航空	波音737(中)	8:00	14:25
5	阿克苏	41.188341	80.293842	杭州	30.25924446	120.2193754	4360	MF4475	厦门航空	波音737(中)	8:00	14:25
6	阿克苏	41.188341	80.293842	和田	37.15334974	79.91581373	470	CZ6859	南方航空	ERJ-190(中)	16:55	17:50

图 2-14 从 Google 搜索引擎中获取的部分航班数据内容

第三节　GIS 数据可视化分析

一、基于 pyecharts 的地铁线路数据可视化

本节将利用由百度提供的开源数据可视化类库 pyecharts 对前文中获取的广州市地铁线路数据进行可视化。

(1)从高德地图网站地铁页面获取的地铁站点数据中的经纬度坐标是国家测绘局坐标系(GCJ－02),而百度地图的坐标系是自有坐标系(BD－09),若将高德地图数据直接用于 pyecharts,二者无法准确匹配起来。因此,首先需要对从高德地图获取的地铁数据进行坐标系转换。秉承着“不要重复发明轮子”的软件开发定律,笔者在 GitHub 网站上找到了一个坐标转换工具,其网址为 https://github.com/wandergis/coordtransform。该工具实现了百度坐标系(BD－09)、国家测绘局坐标系(GCJ－02)和 WGS84 坐标系之间的转换模块,提供了 Python、命令行和 go 语言社区版本。抽取其中用于从国家测绘局坐标系转为百度坐标系的代码,结果如下:

```
pi=3.1415926535897932384
r_pi=pi*3000.0/180.0
def gcj02_bd09(lon_gcj02,lat_gcj02):
    b=math.sqrt(lon_gcj02*lon_gcj02+lat_gcj02*lat_gcj02)+0.00002*math.sin(lat_gcj02*r_pi)
    o=math.atan2(lat_gcj02 ,lon_gcj02)+0.000003*math.cos(lon_gcj02*r_pi)
    lon_bd09=b*math.cos(o)+0.0065
    lat_bd09=b*math.sin(o)+0.006
    return [lon_bd09,lat_bd09]
```

(2)调用 gcj02_bd09()函数,就可以将从高德地图网站获取的地铁站点坐标点集合统一转换成百度坐标系,转换结果保存在列表中。示范代码为:

```
result=[]
for station in stations:
    result.append([gcj02_bd09(*point)for point in station])
```

(3)利用 pyecharts 对转换后的地铁站点数据进行可视化。在此之前,需要先获取百度地图开放平台(http://lbs.baidu.com/)的应用密钥。需要在注册并登录百度地图开放平台后,创建应用,将所有参数暂时使用默认设置即可。创建完毕后,可以在百度地图开放平台中查看应用密钥(AK),密钥访问页面如图 2－15 所示。

(4)利用 pyecharts 中的 BMap 进行可视化。首先,导入必需的模块,示范代码为:

```
from pyecharts.charts import BMap
from pyecharts import options as opts
from pyecharts.globals import BMapType,ChartType
```

图 2－15　百度地图开放平台密钥访问地址

然后，导入上文转换后的经纬度数据列表(即 result 对象)，可以调整一下参数以及增添一些控件。示范代码为：

```
map_b=(BMap(init_opts=opts.InitOpts(width="800px",height="600px")).add_schema(
baidu_ak='*******',# 你的百度地图开放平台应用密钥(AK)
center=[113.403963,23.315119],# 当前视角的中心点，广州市范围内
zoom=10,# 当前视角的缩放比例
is_roam=True,# 开启鼠标缩放和平移漫游)
.add(series_name="",
type_=ChartType.LINES,# 设置 Geo 图类型
data_pair=result,# 数据项
is_polyline=True,# 是否是多段线
linestyle_opts=opts.LineStyleOpts(color="blue",opacity=0.5,width=1),# 线样式配置项
).add_control_panel(
maptype_control_opts=opts.BMapTypeControlOpts(type_=
BMapType.MAPTYPE_CONTROL_DROPDOWN),# 切换地图类型的控件
scale_control_opts=opts.BMapScaleControlOpts(),# 比例尺控件
overview_map_opts=opts.BMapOverviewMapControlOpts(is_open=True),# 添加缩略地图
navigation_control_opts=opts.BMapNavigationControlOpts()# 地图的平移缩放控件))
map_b.render(path='subway_guangzhou.html')# 渲染地图数据，保存结果为 html 文件
```

(5)鼠标双击打开 subway_guangzhou. html 文件,地图可视化效果如图 2-16 所示。

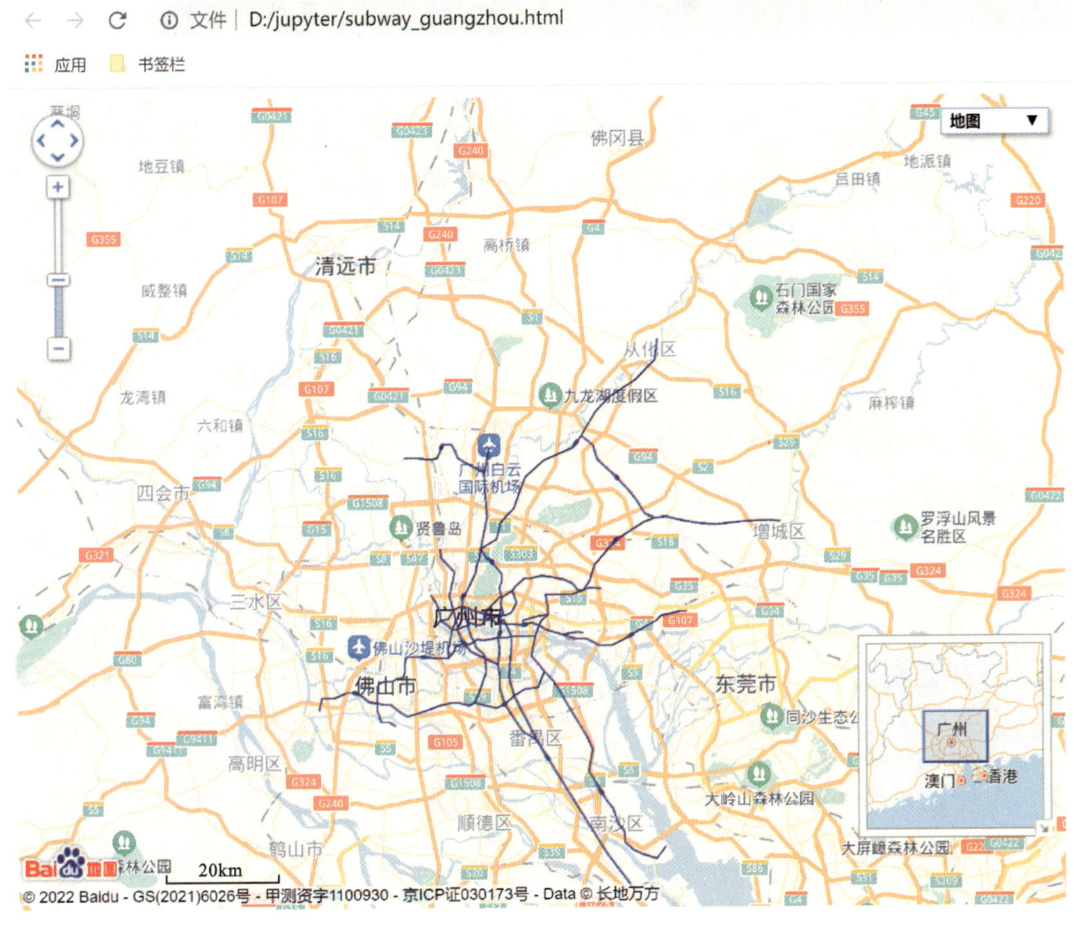

图 2-16　广州地铁线路地图可视化效果

实际的运行效果为动态效果,本书中提供的仅为静态图片。感兴趣的读者可以自行实践,尝试修改代码调整可视化效果。例如,修改线的颜色为红色,调整宽度为 2,示范代码为:

```
linestyle_opts=opts.LineStyleOpts(color="red",opacity=0.5,width=2)。
```

将所有单元代码合并为一个完整的 Python 程序,全部代码如下:

```
import requests
import json
import pprint
import math
from pyecharts.charts import BMap
from pyecharts import options as opts
```

```
from pyecharts.globals import BMapType,ChartType
url='http://map.amap.com/service/subway?_1615494419554&srhdata=4401_drw_guangzhou.json'
response=requests.get(url)
result=json.loads(response.text)
stations=[]
for i in result['l']:
    station=[]
    for a in i['st']:
        station.append([float(b)for b in a['sl'].split(',')])
    stations.append(station)
pi=3.1415926535897932384
r_pi=pi*3000.0/180.0
def gcj02_bd09(lon_gcj02,lat_gcj02):
    b=math.sqrt(lon_gcj02*lon_gcj02+lat_gcj02*lat_gcj02)+0.00002*math.sin(lat_gcj02*r_pi)
    o=math.atan2(lat_gcj02 ,lon_gcj02)+0.000003*math.cos(lon_gcj02*r_pi)
    lon_bd09=b*math.cos(o)+0.0065
    lat_bd09=b*math.sin(o)+0.006
    return [lon_bd09,lat_bd09]
result=[]
for station in stations:
    result.append([gcj02_bd09(*point)for point in station])
map_b=(
BMap(init_opts=opts.InitOpts(width="800px",height="600px")).add_schema(
baidu_ak='***************',#你的百度地图开发应用密钥(AK)
center=[113.403963,23.315119],#当前视角的中心点,广州市范围内
  zoom=10,#当前视角的缩放比例
  is_roam=True,#开启鼠标缩放和平移漫游
).add(series_name="",
type_=ChartType.LINES,#设置 Geo 图类型
data_pair=result,#数据项
is_polyline=True,#是否是多段线
linestyle_opts=opts.LineStyleOpts(color="green",opacity=0.5,width=2),#线样式配置项
).add_control_panel(
maptype_control_opts=opts.BMapTypeControlOpts(type_=
BMapType.MAPTYPE_CONTROL_DROPDOWN),#切换地图类型的控件
scale_control_opts=opts.BMapScaleControlOpts(),#比例尺控件
overview_map_opts=opts.BMapOverviewMapControlOpts(is_open=True),#添加缩略地图
navigation_control_opts=opts.BMapNavigationControlOpts()#地图的平移缩放控件
))
map_b.render(path='subway_guangzhou2.html')
```

二、基于航班数据的可视化分析

(1)将从本章第二节中获取的中国大陆机场航班数据作为可视化分析的数据源。本书的做法是将其复制到 jupyter notebook 程序同一级的文件夹“航班数据”中。

(2)利用 import 命令导入所需的模块,包括 numpy、pandas、os 和 pyecharts。示范代码为:

```
import numpy as np
import pandas as pd
import os
from pyecharts import options as opts
from pyecharts. charts import Map
from pyecharts. charts import Map3D
from pyecharts. globals import ChartType
```

(3)定义一个三维地图柱状专题图绘制函数 map3d_with_bar3d(),在函数体内部实现可视化参数的配置。示范代码为:

```
def map3d_with_bar3d(example_data)->Map3D:
    c=(
        Map3D(). add_schema(itemstyle_opts=opts. ItemStyleOpts(#设置三维地图的样式
            color="rgb(15,101,123)",#地图背景颜色
            opacity=1,#透明度
            border_width=0. 8,#边界宽度
            border_color="rgb(62,215,213)",#边界颜色
        ),
        map3d_label=opts. Map3DLabelOpts(
            is_show=False,#是否显示标记
        ),
        emphasis_label_opts=opts. LabelOpts(
            is_show=False,
            color="#fff",
            font_size=10,
            background_color="rgba(0,23,11,0)",
        ),
        light_opts=opts. Map3DLightOpts(#设置地图光线效果
            main_color="#fff",
            main_intensity=1. 2,
            main_shadow_quality="high",
            is_main_shadow=False,
            main_beta=10,
            ambient_intensity=0. 3,
        ),
```

```
    ).add(#添加一个图形
        series_name="",#设置图形名称
            data_pair=example_data,#指定数据源
            type_=ChartType.BAR3D,#设定图类型为三维柱状图
            bar_size=1,#柱子大小
            shading="lambert",#阴影类型
            label_opts=opts.LabelOpts(
            is_show=False,
            ),
        ).set_global_opts(title_opts=opts.TitleOpts(
            title="2018年中国大陆机场航班数量专题图",#设置标题
            subtitle="",
        ),visualmap_opts=opts.VisualMapOpts(#设置图例,范围分段专题图
            is_piecewise=True,
            pieces=[
                {"min":800,"label":">800","color":'blue'},
                {"min":500,"max":799,"label":"500-799","color":'red'},
                {"min":200,"max":499,"label":"200-499","color":'peru'},
                {"min":100,"max":199,"label":"100-199","color":'orange'},
                {"min":10,"max":99,"label":"10-99","color":'gold'},
                {"min":0,"max":9,"label":"0-9","color":'cornsilk'},
            ])))
    return c
```

(4)读取航班数据,统计每个机场的航班数量,构造三维柱状图所需的数据格式(机场名称、经纬度坐标、航班数量)。示范代码为:

```
df0=pd.read_excel('D:\jupyter\航班数据\国内航班数据new.xls')#读取航班数据
sizes=df0["departure_airport"].value_counts()#计数统计
df1=pd.DataFrame({'flights_amount':sizes})#数据格式转换
#获取各个出发机场的名称、坐标,去除重复数据
df2=df0[['departure_airport','departure_y','departure_x']].drop_duplicates()
#修改索引值为机场名,以便后续同'flights_amount'(航线数量)合并
df2.index=df2['departure_airport']
#增加一列"flights_amounts"
df2['flights_amounts']=df1
#数据格式转换
city_lines=list(zip(df2['departure_airport'],list(zip(df2['departure_x'],
                    df2['departure_y'],df2['flights_amounts']))))
print(city_lines)
```

运行上述代码，获取的数据格式如下所示：

```
[('阿克苏机场',(80.30091874,41.26940127,24)),('阿勒泰机场',(88.09238741,47.75797257,3)),('天柱山机场',(117.0587858,30.58957072,8)),('二里半机场',(110.0086252,40.57220914,60)),…]
```

(5)调用函数，绘制三维专题图。示范代码为：

```
#调用函数，绘制三维地图
airport_3D=map3d_with_bar3d(city_lines)
airport_3D.render(path='机场三维分布图.html')
```

鼠标双击运行“机场三维分布图.html”，即可查看三维柱状专题图效果(图 2-17)。从图 2-17 中可以看出，2018 年的中国大陆机场中仅有首都机场的航班数量超过 800。该页面的实际运行效果为动态效果，本书中提供的仅为静态图片。需要说明的是，本书所陈列的图片仅为调用 pyecharts 组件渲染的结果，不作为展示中国国界线的依据。如需准确展示中国国界线，请访问自然资源部标准地图服务网站(http://bzdt.ch.mnr.gov.cn/)获取标准中国地图。

图 2-17　中国大陆机场三维分布示意图

第四节　GIS数据分析

一、应用软件简介

本节需要的Python软件类库包括NumPy、Pandas、Matplotlib和Seaborn。NumPy(Numerical Python)是Python语言的一个扩展程序库,支持大量的维度数组与矩阵运算,此外也针对数组运算提供大量的数学函数库。Pandas是一个强大的分析结构化数据的工具集,它的使用基础是NumPy(提供高性能的矩阵运算),为Python编程语言提供了高性能、易于使用的数据结构和数据分析工具。Matplotlib是Python中最受欢迎的数据可视化软件包之一,支持跨平台运行,它是Python常用的二维绘图库,同时它也提供了一部分三维绘图接口。Matplotlib通常与NumPy、Pandas一起使用,是数据分析中不可或缺的重要工具之一。Seaborn是一个基于Matplotlib的Python可视化库。它提供了一个高级界面来绘制有吸引力的统计图形。Seaborn其实是在Matplotlib的基础上进行了更高级的API封装,从而使得作图更加容易,而且不需要经过大量的调整就能使图形效果更加精致。应强调的是,应该把Seaborn视为Matplotlib的补充,而不是替代物。

二、共享单车数据分析

共享单车作为绿色出行方式之一,已经受到了越来越多城市居民的喜爱。共享单车骑行数据也随之成为众多GIS从业人员关注的数据来源之一。为此,本节将利用Python语言针对共享单车租赁数据进行分析。本书数据来自Kaggle的Bike Sharing Demand预测项目(https://www.kaggle.com/c/bike-sharing-demand/data),由共享单车公司Capital Bikeshare提供。该数据统计了美国华盛顿特区2011年1月1日至2012年12月31日共享单车租赁数据。数据集分为train.csv和test.csv,train.csv包含了两年间每月1日至19日的租车数据,test.csv包含了每月20日至当月最后一天的天气和时间数据,租车数据需要项目参与者预测。本书仅利用train.csv数据进行统计分析。该数据集的具体字段结构如下所示。

- datetime:时间,单位为年、月、日、时
- season:季节,1=spring春天,2=summer夏天,3=fall秋天,4=winter冬天
- holiday:节假日,0=否,1=是
- workingday:工作日,该天既不是周末也不是节假日(0=否,1=是)
- weather:天气,1=晴天,2=阴天,3=小雨或小雪,4=恶劣天气(大雨、冰雹、暴风雨或者大雪)
- temp:实际温度,单位为摄氏度
- atemp:体感温度,单位为摄氏度
- humidity:湿度
- windspeed:风速

- casual：未注册用户租借数量
- registered：注册用户租借数量
- count：总租借数量

本节主要尝试分析天气、温度、湿度、季节、月份、一天中的不同时段、工作日与周末、节假日等因素，对共享单车租用数量分别具有怎样的影响。

(1)数据导入。首先，导入分析所需的类库，包括 numpy、pandas、matplotlib. pyplot 和 seaborn。然后，利用 pandas 读取 csv 文件即可导入数据。示范代码为：

```
#导入 numpy、pandas、matplotlib. pyplot、seaborn 包
import numpy as np
import pandas as pd
import matplotlib. pyplot as plt
import seaborn as sns
#matplotlib. pyplot 图表风格设定
plt. style. use('ggplot')
#命令行显示图表
%matplotlib inline
#忽略提示警告
import warnings
warnings. filterwarnings('ignore')
#导入数据
train=pd. read_csv(r'E:\基于开源软件的 GIS 应用开发\数据资源\bike-sharing-demand\train. csv')
```

(2)数据探索性分析。首先，利用 pandas 获取数据的描述性统计特征。示范代码为：

```
#描述统计
train. describe()
```

运行程序，获取数据的描述性统计特征如表 2-2 所示(为了方便本书的排版，复制结果时进行了转置操作，即行列对换)。

表 2-2　共享单车数据的描述性统计特征

	count	mean	std	min	25%	50%	75%	max
season	10886	2.51	1.12	1	2	3	4	4
holiday	10886	0.03	0.17	0	0	0	0	1
workingday	10886	0.68	0.47	0	0	1	1	1
weather	10886	1.42	0.63	1	1	1	2	4
temp	10886	20.23	7.79	0.82	13.94	20.5	26.24	41

续表 2-2

	count	mean	std	min	25%	50%	75%	max
atemp	10886	23.66	8.47	0.76	16.67	24.24	31.06	45.46
humidity	10886	61.89	19.25	0	47	62	77	100
windspeed	10886	12.80	8.16	0	7.00	13.00	17.00	57.00
casual	10886	36.02	49.96	0	4	17	49	367
registered	10886	155.55	151.04	0	36	118	222	886
count	10886	191.57	181.14	1	42	145	284	977

然后，查看数据字段信息，检查是否存在缺失数据。如果存在则需要清洗数据。示范代码为：

```
#字段信息描述
train.info()
```

运行上述程序代码，结果如图 2-18 所示。从图 2-18 中可以看出，原始数据不存在缺失数据的字段，无需进行额外的数据清洗操作。

```
<class 'pandas.core.frame.DataFrame'>
RangeIndex: 10886 entries, 0 to 10885
Data columns (total 12 columns):
 #   Column      Non-Null Count  Dtype
---  ------      --------------  -----
 0   datetime    10886 non-null  object
 1   season      10886 non-null  int64
 2   holiday     10886 non-null  int64
 3   workingday  10886 non-null  int64
 4   weather     10886 non-null  int64
 5   temp        10886 non-null  float64
 6   atemp       10886 non-null  float64
 7   humidity    10886 non-null  int64
 8   windspeed   10886 non-null  float64
 9   casual      10886 non-null  int64
 10  registered  10886 non-null  int64
 11  count       10886 non-null  int64
dtypes: float64(3), int64(8), object(1)
memory usage: 1020.7+ KB
```

图 2-18 共享单车数据的字段信息描述

(3)数据预处理。数据中 datetime 字段的时间单位精确到时，因此，为了进一步分析月份、一周内的工作日和周末、时等不同时间单元内的骑行特征，需要对数据做预处理，新增月、时、星期 3 个字段。示范代码为：

```
#datetime 改为日期格式
train.datetime=pd.to_datetime(train.datetime,format='%Y-%m-%d %H:%M:%S')
#提取年月日字段,格式 YYYYmmdd
train['datetime_D']=train.datetime.dt.strftime('%Y-%m-%d')
train['datetime_D']=pd.to_datetime(train.datetime_D,format='%Y-%m-%d')
#提取月份字段
train['datetime_M']=train.datetime.dt.strftime('%Y%m')
#提取小时字段
train['datetime_H']=train.datetime.dt.strftime('%H')
train['datetime_H']=train.datetime_H.astype('int')
#提取星期字段
train['datetime_W']=train.datetime.dt.strftime('%a')
#将周一至周日改为数字 1—7
weekDict={'Mon':1,'Tue':2,'Wed':3,'Thu':4,'Fri':5,'Sat':6,'Sun':7}
train.datetime_W=train.datetime_W.map(weekDict)
train.info()
```

上述代码的运行结果如图 2-19 所示。

```
<class 'pandas.core.frame.DataFrame'>
RangeIndex: 10886 entries, 0 to 10885
Data columns (total 16 columns):
 #   Column       Non-Null Count  Dtype
---  ------       --------------  -----
 0   datetime     10886 non-null  datetime64[ns]
 1   season       10886 non-null  int64
 2   holiday      10886 non-null  int64
 3   workingday   10886 non-null  int64
 4   weather      10886 non-null  int64
 5   temp         10886 non-null  float64
 6   atemp        10886 non-null  float64
 7   humidity     10886 non-null  int64
 8   windspeed    10886 non-null  float64
 9   casual       10886 non-null  int64
 10  registered   10886 non-null  int64
 11  count        10886 non-null  int64
 12  datetime_D   10886 non-null  datetime64[ns]
 13  datetime_M   10886 non-null  object
 14  datetime_H   10886 non-null  int32
 15  datetime_W   10886 non-null  int64
dtypes: datetime64[ns](2), float64(3), int32(1), int64(9), object(1)
memory usage: 1.3+ MB
```

图 2-19　共享单车数据预处理结果

数据预处理完毕后，即可进行后续的分析。

(4)租借数量与各要素的相关系数分析。相关系数是统计学中用来分析两个对象之间是否存在关联或影响的常用参数。首先，可以利用 pandas 的 corr()函数来计算相关系数；然后，利用 seaborn 绘制热力图；最后，利用 matplotlib 显示可视化结果。示范代码为：

```
plt.figure(figsize=(11,11)) # 设置图形大小
sns.heatmap(train.corr(),linewidths=.1,annot=True) # 热力图显示 train 数据集相关系数
plt.title('共享单车租借数量与各要素的相关系数') # 设置图形标题
plt.xticks(rotation=45,fontsize=15) # X 轴刻度标签旋转 45 度
plt.yticks(fontsize=15) # 设置 Y 轴刻度标签的字体大小
plt.savefig("共享单车租借数量与各要素的相关系数.tif",bbox_inches='tight',dpi=200,pad_inches=
0.0) # 保存图形
```

运行上述代码，绘制出的相关系数热力图如图 2-20 所示。

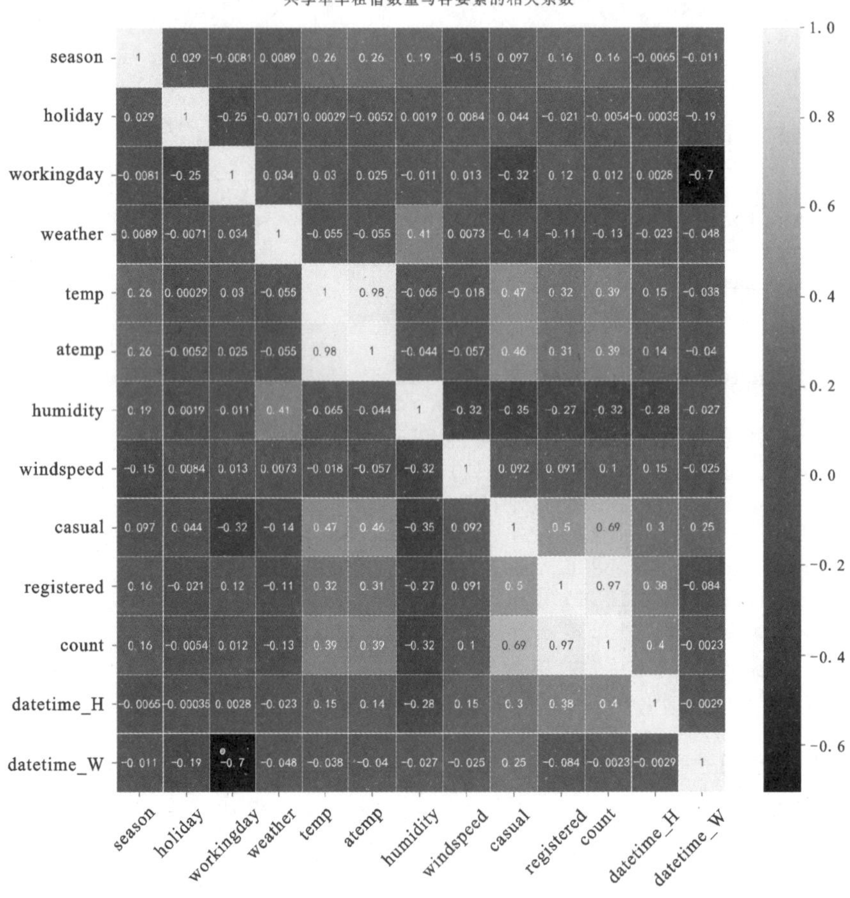

图 2-20　租借数量与各要素的相关系数热力图

从图 2-20 可以看出，实际温度(temp)、体感温度(atemp)、小时(datetime_H)与总租借数量(count)呈较强正相关关系。其中实际温度/体感温度越高，骑车用户越多。湿度(humidity)与总租借数量(count)呈较强负相关关系，湿度越大，骑车用户越少。季节(season)、节假日(holiday)、工作日(workingday)、天气(weather)等字段由于是分类字段，相关系数较小。下文将从每月、1 周内每天、24 小时、天气情况和工作/节假日等角度进行分析。

(5)租借数量的时间特征分析。首先，逐月分析租借数量的时间演变特征。示范代码为：

```
#2011-2012 年共享单车租借数量逐月走势
fig=plt.figure(figsize=(14,4))
ax1=fig.add_subplot(1,1,1)
dataDf=pd.DataFrame(train.groupby(by='datetime_M').mean()['count']).reset_index()
sns.pointplot(x='datetime_M',y='count',data=dataDf,ax=ax1)
plt.title('2011-2012 年共享单车特每月租借数量')
plt.xlabel('日期')
plt.xticks(rotation=45)
plt.ylabel('租借数量(辆/时)')
plt.grid(True)
plt.savefig("共享单车租借数量逐月演变.tif",bbox_inches='tight',dpi=200,pad_inches=0.0)
```

运行上述代码，绘制出的租借数量逐月演变图如图 2-21 所示。

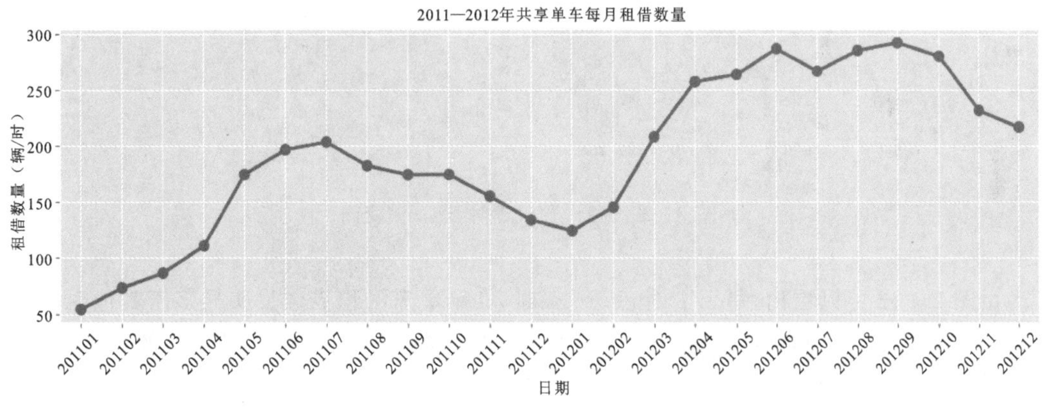

图 2-21 租借数量逐月演变图

由图 2-21 可知，2011 年至 2012 年期间，共享单车租借数量呈曲线上升趋势，表明越来越多的人愿意使用共享单车。由于受温度、天气等因素影响，每年的 5 月到 10 月期间，共享单车使用者明显多于其他月份。

接下来继续分析共享单车租借数量 1 天内 24 时、1 周内每日的演变特征。示范代码为：

```
#各时间段租借数量
fig=plt.figure(figsize=(20,4))
ax1=fig.add_subplot(1,2,1)
```

```
dataDf=pd.DataFrame(train.groupby(by='datetime_H').mean()['count']).reset_index()
sns.pointplot(x='datetime_H',y='count',data=dataDf,ax=ax1)
plt.title('各时间段租借数量')
plt.xlabel('时间')
plt.ylabel('租借数量(辆/时)')
plt.grid(True)
#按星期租借数量
ax2=fig.add_subplot(1,2,2)
dataDf=pd.DataFrame(train.groupby(by='datetime_W').mean()['count']).reset_index()
sns.pointplot(x='datetime_W',y='count',data=dataDf,ax=ax2)
plt.title('按星期租借数量')
plt.xlabel('星期')
plt.ylabel('租借数量(辆/时)')
plt.grid(True)
plt.savefig("共享单车骑行量逐时、逐日演变.tif",bbox_inches='tight',dpi=200,pad_inches=0.0)
```

运行上述代码，绘制出的骑行量演变图如图 2-22 所示：

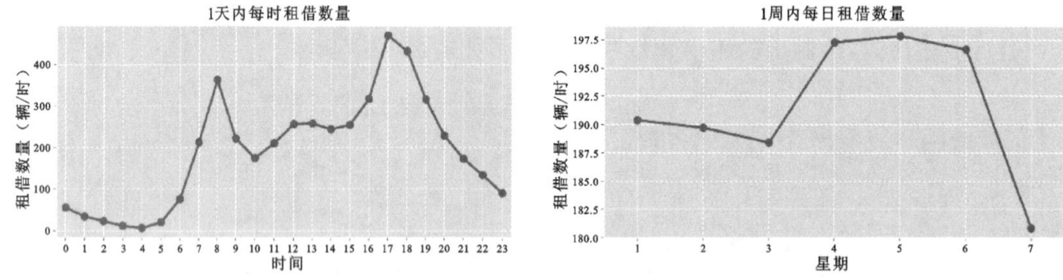

图 2-22　租借数量逐时、逐日演变图

由图 2-22 可以看出，每天 8 时、17—18 时，共享单车的租借数量明显多于其他时间段，表现出明显的上下班高峰特征，凌晨 4 时租借数量达到最少。一周内，星期五的总租借数量最多，周日的总租借数量最少。

(6)季节、天气等要素与租借数量的关系分析。首先利用 seaborn 中的 pairplot 进行分析。pairplot 主要展现的是变量两两之间的关系(线性或非线性，有无较为明显的相关关系)。其中，对角线上是各个属性的直方图(分布图)，而非对角线上是两个不同属性之间的相关图。绘制租借数量与季节、实际温度、体感温度等要素之间的 pairplot。示范代码为：

```
#分析季节 season、实际温度 temp、体感温度 atemp、租借数量 count 之间的关系
sns.pairplot(train[['season','temp','atemp','count']],plot_kws={'alpha':0.5},hue='season')
```

运行上述代码，绘制出的租借数量演变特征如图 2-23 所示。由图 2-23 可以看出，春、冬、夏、秋 4 个季节的温度依次升高，实际温度(temp)与体感温度(atemp)呈强正线性关系。

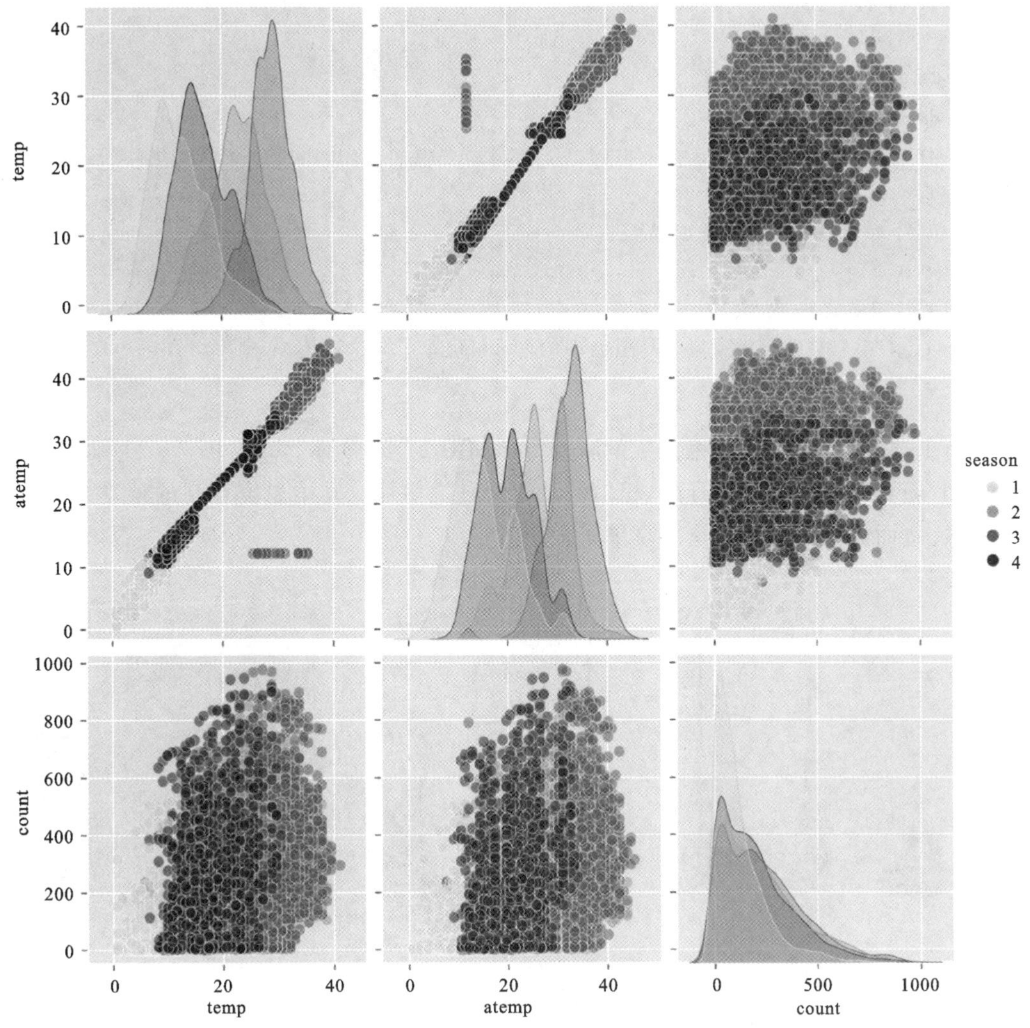

图 2-23　不同季节中租借数量与温度的 pairplot

然后,利用 seaborn 的 violinplot 开展分析。风琴图(violin plot)是一种可视化不同变量数值数据分布的方法。它类似于箱形图(box plot),但每侧都有旋转的图,从而在 y 轴上提供了有关密度估计的更多信息。将密度镜像并翻转,然后填充最终的形状,创建类似于小提琴的图像,因而得名。风琴图的优势在于它可以显示出箱形图中无法察觉的细微差别。但另一方面,箱形图能更清楚地显示数据中的异常值。示范代码为:

```
#不同季节租借数量对比
fig=plt.figure(figsize=(14,4))
ax1=fig.add_subplot(1,2,1)
sns.violinplot(x='season',y='count',data=train,ax=ax1)
plt.title('不同季节租借数量')
```

```
plt.xlabel('季节')
plt.ylabel('租借数量(辆/时)')
#不同季节平均租借数量对比
ax2=fig.add_subplot(1,2,2)
sns.barplot(x='season',y='count',data=pd.DataFrame(train.groupby('season').mean()['count']).
reset_index(),ax=ax2)
plt.title('不同季节平均租借数量')
plt.xlabel('季节')
plt.ylabel('租借数量(辆/时)')
plt.savefig("共享单车租借数量与季节温度的 violinplot.tif",bbox_inches='tight',dpi=200,pad_in-
ches=0.0)
```

运行上述代码,绘制出的租借数量演变特征如图 2-24 所示。结合图 2-23 和图 2-24 分析可知,随着季节性温度的升高,租借数量也会随之增加。其中温度最高的秋季共享单车使用者最多,而温度最低的春季共享单车使用者最少。

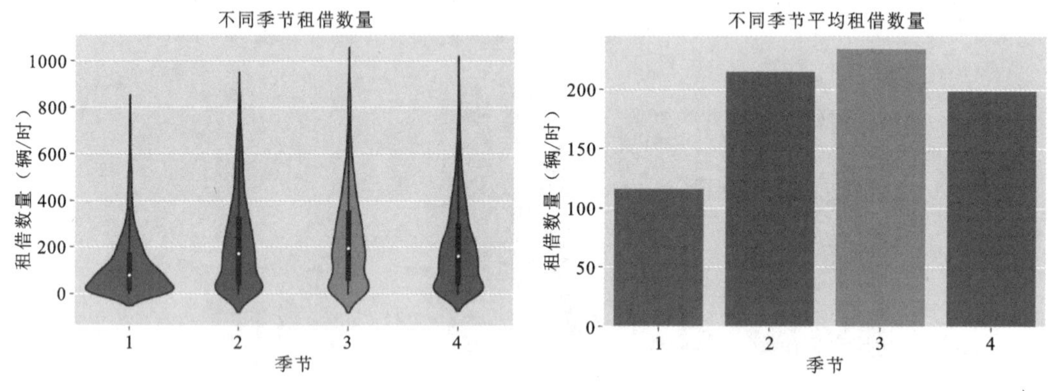

图 2-24 租借数量与季节的风琴图和柱状图

接着,利用 seaborn 的 boxplot 和 barplot 开展分析。箱形图又称为盒须图、盒式图或箱线图,是一种用作显示一组数据分散情况的统计图。它能显示出一组数据的最大值、最小值、中位数及上下四分位数,因形状如箱子而得名。它在各领域中也经常被使用。柱状图(bar plot)是一类非常重要的统计图表,在数据分析中的使用频率也很高。示范代码为:

```
#不同天气租借数量对比
plt.figure(figsize=(14,4))
plt.subplot(1,2,1)
sns.boxplot(x='weather',y='count',data=train)
plt.title('不同天气租借数量')
plt.xlabel('天气')
```

```
plt.ylabel('租借数量(辆/时)')
#不同天气平均租借数量对比
plt.subplot(1,2,2)
sns.barplot(x='weather',y='count',data=pd.DataFrame(train.groupby('weather').mean()['count']).
reset_index())
plt.title('不同天气平均租借数量')
plt.xlabel('天气')
plt.ylabel('租借数量(辆/时)')
plt.savefig("共享单车租借数量与季节温度的 boxplot.tif",bbox_inches='tight',dpi=200,pad_inches
=0.0)
```

运行上述代码,绘制出的不同天气下的租借数量特征如图 2-25 所示。从图 2-25 中可知,共享单车租借数量受天气因素影响较大,天气越恶劣租借的数量越少,大雪、大雨天气下的租借数量接近为零。

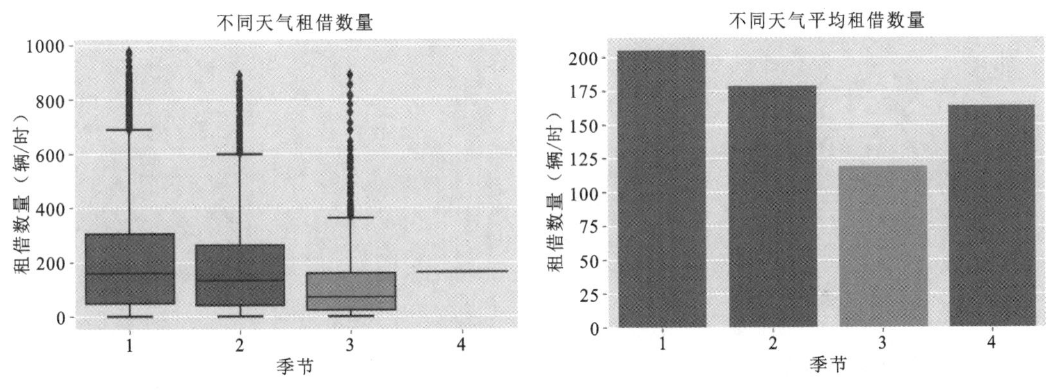

图 2-25　不同天气下的租借数量箱形图和柱状图

最后,利用 pairplot 分析温度、湿度、风速与租借数量间的关系。示范代码为:

```
#分析温度、湿度、风速、租借数量间的关系
sns.pairplot(train[['temp','humidity','windspeed','count']],plot_kws={'alpha':0.3})
plt.savefig("共享单车租借数量与风速、湿度等参数的 pairplot.tif",bbox_inches='tight',dpi=200,pad
_inches=0.0)
```

运行上述代码,绘制出的租借数量与温度、湿度和风速等要素的 pairplot 如图 2-26 所示。从图 2-26 可知,温度高于 33℃、低于 15℃,租借数量明显减少。湿度大于 70,租借数量明显减少。风速大于 20m/s,租借数量明显减少。

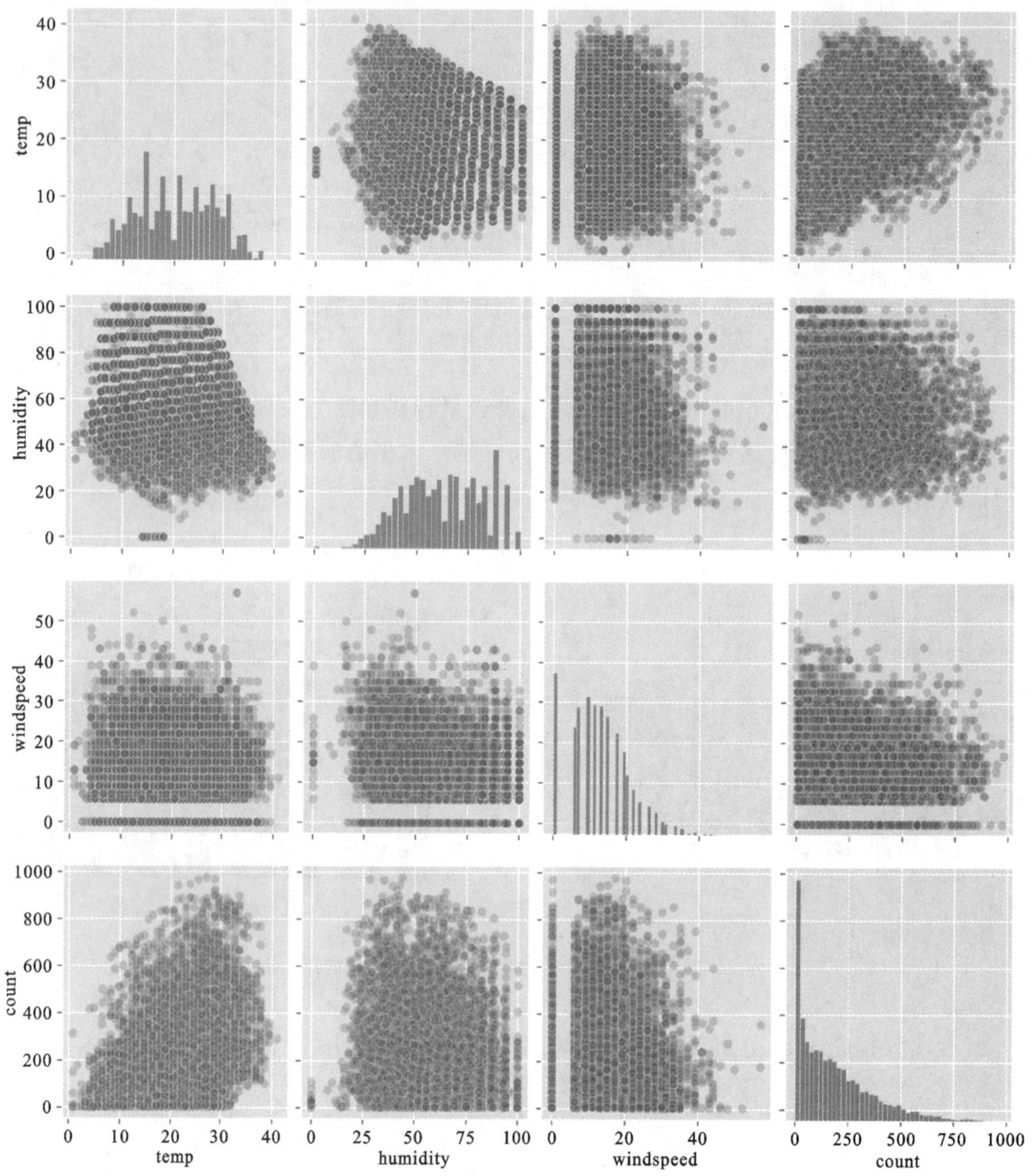

图 2-26　租借数量与温度、湿度和风速等要素的 pairplot

至此，基于 Python 的共享单车数据分析就介绍完毕了。虽然仅涉及了一些简单的数据描述性统计和可视化分析操作，但是足以体现 Python 在数据分析中的高效与便利。事实上，基于 Python 的数据分析涉及的内容实在是太广泛了，本书的目的仅仅是给读者一个直观的感性认识，有兴趣的读者可自行查阅其他书籍或资料。

第三章　基于 SharpMap 和 DotSpatial 的 GIS 数据渲染与查询

第一节　应用软件简介

本章的内容是讲解使用 SharpMap、DotSpatial 等开源软件类库进行单机或客户端/服务器应用模式下的 GIS 数据渲染与查询功能开发。GIS 数据渲染与查询功能通常是 GIS 应用开发的第一步，因此通常被作为入门教程。在开始之前，有必要对 SharpMap 和 Dotspatial 进行简要说明。

一、SharpMap 简介

SharpMap 是一个容易使用的可用于桌面和 Web 应用程序的轻量级开源地图类库，利用它可以实现访问多种类型的空间数据（PostgreSQL/PostGIS，ESRI Shapefile、WMS layers、ECW 和 JPEG2000 等数据格式）、执行空间查询以及渲染制图等功能。SharpMap 的最新稳定版本为 1.2，由 C# 语言编写，基于.NET Framework 4.0（2014 年 2 月 11 日发布至今）开发。SharpMap 遵守 GNU LGPL 许可协议。项目主页网址为 https://github.com/SharpMap/SharpMap。如果具体的项目需求是在.NET 环境中实现简单的地图渲染功能，SharpMap 无疑是一个不错的选择，具体理由如下：①占用资源较少，响应比较快；②对于.NET环境支持较好；③使用简单，只要在.NET 项目中引用响应的 dll 文件即可，没有复杂的安装步骤。SharpMap 与其他开源软件的依赖关系如图 3-1 所示。

接下来，针对 SharpMap 的类视图结构予以说明。Map 类位于 SharpMap 命名空间下，通过创建 Map 对象的实例来生成地图。Map 对象由包含 Layer 的对象组成 Layers 集合，通过 GetMap 方法来渲染地图。Converts 命名空间中的类主要提供数据转换服务。Forms 命名空间包含 MapImage 控件，一个简单的 User Control（用户控件），封装了 Map 类，用于 Windows Form 编程。Geometries 命名空间包括 SharpMap 要使用到的点、线、面等各种几何要素类及其接口类。其中，Geometry 抽象类是 SharpMap 中所有几何对象的共同父类，它定义了几何对象应该具备的公共操作，例如大小、ID、外接矩阵、几何运算等。Layers 命名空间包括 ILayer 接口、Layer 集合类等，代表地图的图层。其中，Layer 是一个抽象类，实现了 ILayer 接口。Layer 目前有 3 个子类，分别是 VectorLayer、LabelLayer 和 WmsLayer，分别代表 3 种不同数据类型的图层。Providers 命名空间包括 IProvider 接口和 Shape 文件、PostGIS 数据的读取实现。该命名空间为 SharpMap 提供数据读（写）支持，通过面向接口的

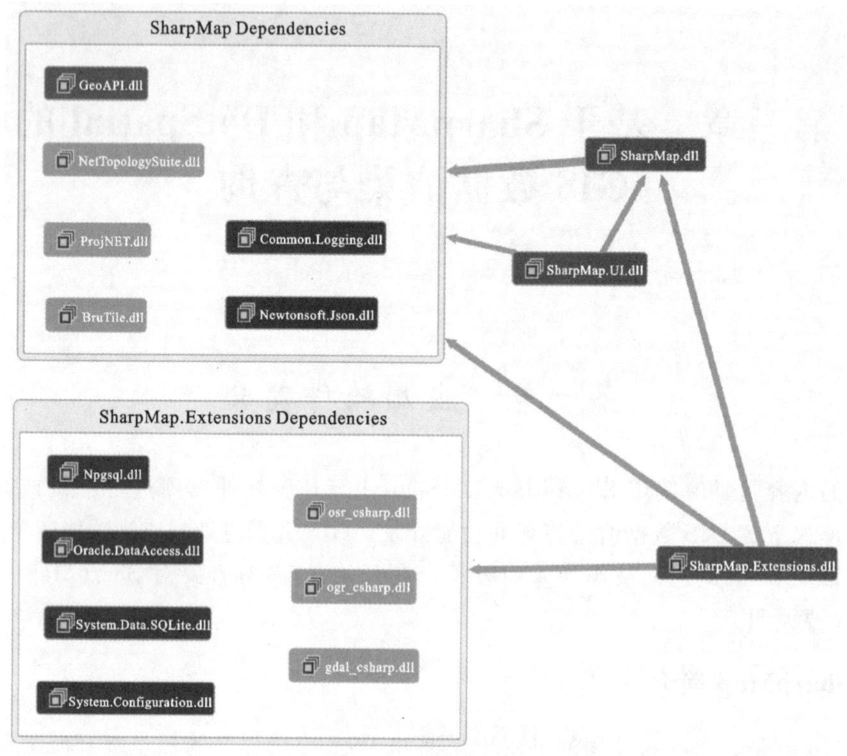

图 3-1　SharpMap 与其他开源软件的依赖关系

设计,可以比较容易地增加各类数据格式。Rendering 命名空间包括矢量渲染器类和专题图渲染器类,可以将几何对象根据其 Style 设置渲染为一个 System. Drawing. Graphics 对象。Styles 命名空间主要提供了图层的样式设置类,如线样式、点样式、填充样式等。Utilities 命名空间包括 Algorithms 类、Providers 类、Surrogates 类和 Transform 类。其中,Algorithms 类为系统提供算法;Providers 类是 Provider 的一个 Helper,应用了反射机制;Surrogates 类主要用于系统的 Pen 和 Brush 的序列化;Transform 类提供了从图片坐标到地理坐标的互相变换,即桌面 GIS 二次开发中经常使用的屏幕坐标和地理坐标的转换,主要用于地图的渲染、交互操作等。

二、DotSpatial 简介

与 SharpMap 类似,DotSpatial 也是基于. NET Framework 编写的一个地理信息系统类库,以用户控件的形式提供功能组件。目前,项目的官方主页网址为https://github. com/DotSpatial/DotSpatial。利用 DotSpatial 可以实现如下功能:在WinForm或者 ASP. NET 中打开地图,打开用 shp 格式存储的矢量图以及用栅格、位图等形式表示的地图,渲染符号,简单的坐标系统转换,其中坐标系统转换包括大地坐标系与投影坐标系之间的转换,内置支持北京 1954、西安 1980、国家 CGCS2000 等投影坐标系,操作和显示属性数据,科学分析等功能。DotSpatial 所包含的包(package)如表 3-1 所示。

表 3－1　DotSpatial 的包结构

包	
DotSpatial. Serialization	DotSpatial. Extensions
DotSpatial. Data	DotSpatial. Modeling. Forms
DotSpatial. Data. Forms	DotSpatial. Symbology
DotSpatial. Topology	DotSpatial. Symbology. Forms
DotSpatial. Projections	DotSpatial. Mono
DotSpatial. Projections. Forms	DotSpatial. Positioning
DotSpatial. Analysis	DotSpatial. Positioning. Forms
DotSpatial. Compatibility	DotSpatial. Positioning. Design
DotSpatial. Controls	

DotSpatial 的常规使用步骤如下：首先，在 DotSpatial 官网下载发布包并解压；然后，在 Visual Studio. NET 中新建一个 WinForm 工程，添加引用文件(解压缩后发布包中的 dll 文件在本书写作版本中有 19 个)；接着，在工具箱中添加 DotSpatial. Controls. dll 将可视化控件加入到工具箱；最后，从工具箱中拖动相应的控件到窗体，编写代码。其中，解压缩后的 DotSpatial 发布包中所包含的类库文件如图 3－2 所示。

DotSpatial.Analysis.dll	2016/8/29 9:22	应用程序扩展	26 KB
DotSpatial.Compatibility.dll	2016/8/29 9:22	应用程序扩展	36 KB
DotSpatial.Controls.dll	2016/8/29 9:22	应用程序扩展	752 KB
DotSpatial.Data.dll	2016/8/29 9:22	应用程序扩展	370 KB
DotSpatial.Data.Forms.dll	2016/8/29 9:22	应用程序扩展	66 KB
DotSpatial.Extensions.dll	2016/8/29 9:22	应用程序扩展	10 KB
DotSpatial.GeoAPI.dll	2016/8/29 9:22	应用程序扩展	58 KB
DotSpatial.Modeling.Forms.dll	2016/8/29 9:22	应用程序扩展	93 KB
DotSpatial.Mono.dll	2016/8/29 9:22	应用程序扩展	5 KB
DotSpatial.NetTopologySuite.dll	2016/8/29 9:22	应用程序扩展	511 KB
DotSpatial.NTSExtension.dll	2016/8/29 9:22	应用程序扩展	45 KB
DotSpatial.Positioning.Design.dll	2016/8/29 9:22	应用程序扩展	29 KB
DotSpatial.Positioning.dll	2016/8/29 9:22	应用程序扩展	362 KB
DotSpatial.Positioning.Forms.dll	2016/8/29 9:22	应用程序扩展	105 KB
DotSpatial.Projections.dll	2016/8/29 9:22	应用程序扩展	10,972 KB
DotSpatial.Projections.Forms.dll	2016/8/29 9:22	应用程序扩展	99 KB
DotSpatial.Serialization.dll	2016/8/29 9:22	应用程序扩展	36 KB
DotSpatial.Symbology.dll	2016/8/29 9:22	应用程序扩展	338 KB
DotSpatial.Symbology.Forms.dll	2016/8/29 9:22	应用程序扩展	1,444 KB

图 3－2　DotSpatial 发布包中的类库文件

第二节　基于SharpMap的GIS数据渲染功能开发

一、基于SharpMap的数据渲染功能实现逻辑

基于SharpMap的数据渲染功能实现逻辑如下。

(1)创建一个新的地图(Map)对象,Map对象包括地图中心点、大小、缩放比例、图层等字段。地图对象由不同的图层(Layer)叠加组成。通过访问Map对象的Layers属性可以获取地图对象的图层集合。针对图层集合对象,可以通过Layers.Add()方法来添加图层,或是通过GetLayerByName()方法返回某个图层。地图缩放等浏览操作是通过Center和Zoom属性来控制的。当地图图层修改和地图渲染后会触发相应的事件。

例如,以下代码演示了如何创建一个地图对象:

```
SharpMap.Map myMap=new SharpMap.Map(picMap.Size);
```

(2)创建一个Layer对象,设置其属性和数据源以及样式。通过数据提供者(Providers)对象,实现空间数据集的读写操作。示范代码中访问了保存在PostGIS数据库中的几何要素。示范代码如下:

```
SharpMap.Layers.VectorLayer myLayer=new SharpMap.Layers.VectorLayer("Mylayer");
string ConnStr="Server=127.0.0.1;Port=5432;User Id=postgres;
Password=password;Database=myGisDb;";
//图层对应的数据源
myLayer.DataSource=new SharpMap.Providers.PostGIS(ConnStr,"myTable","the_geom",32632);
```

(3)设置Layer的样式,例如填充、线形等属性,并将图层添加到Map的Layers集合。示范代码为:

```
myMap.Layers.Add(myLayer);
```

(4)可以通过设置Map的Center、Zoom、Size等属性来进行缩放、平移等地图浏览操作,也可以将Map对象封装为一个用户控件,主要的动作就是操作Map对象的各个属性。利用Map对象的GetMap()方法,获取当前地图对象(System.Drawing.Image类型),用于显示或输出。示范代码为:

```
System.Drawing.Image imgMap=myMap.GetMap();
```

二、基于SharpMap的地图数据渲染功能开发

本节将以渲染矢量地图数据为例,来讲解基于SharpMap的二维GIS数据渲染功能实现。本书选用的数据是北京市行政边界矢量数据,数据为shape格式,坐标系为WGS84坐标系。

(1)SharpMap 开发环境配置。依据应用场景的不同,SharpMap 提供 C/S、B/S 两种模式的类库文件。首先,从 SharpMap 项目主页上下载已编译好的类库文件,将其解压缩到物理磁盘上。解压缩后的文件夹如图 3－3 所示。

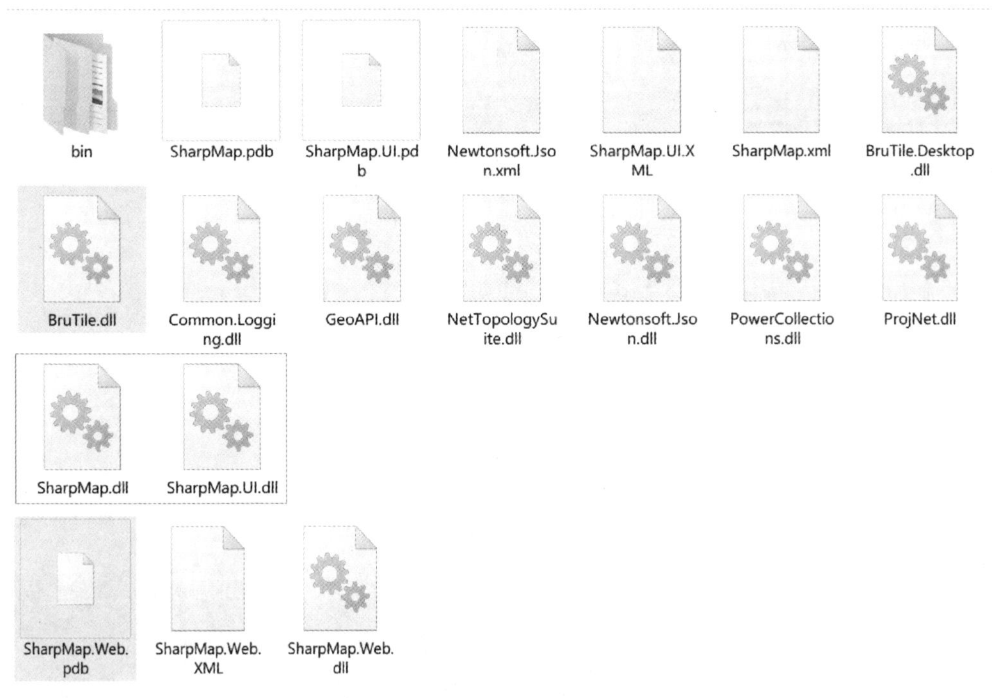

图 3－3 SharpMap 类库文件夹示意图

然后,在 Visual Studio 开发环境中添加对 SharpMap 类库的引用。C/S 模式的程序开发需添加 SharpMap 文件夹里的 SharpMap.dll 和 SharpMap. UI. dll。B/S 模式的程序开发需添加 SharpMap. Web 文件夹里的 SharpMap. Web. dll。建议在工具箱中添加一个 SharpMap 选项卡方便进行分类管理。成功添加 SharpMap 类库文件引用后,Visual Studio 开发环境的工具箱中会新增多个控件图标,界面如图 3－4 所示。

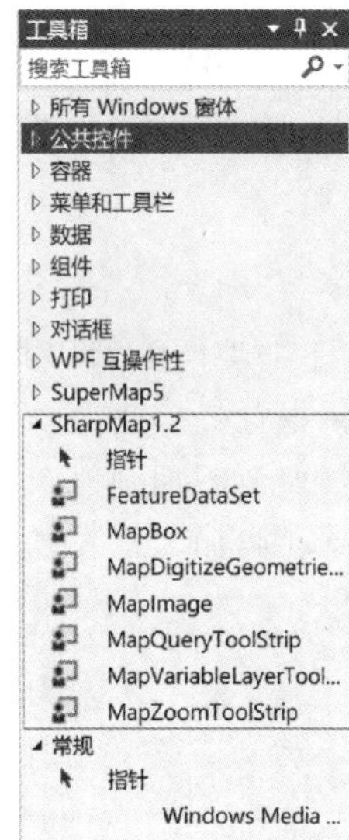

图 3－4 SharpMap 工具箱控件示意图

(2)应用程序界面设计。为了简化程序功能,在此仅使用了 1 个菜单栏(menuStrip)、1 个工具栏(toolStrip)、1 个状态栏(statusStrip)、2 个容器分割器(splitContainer)、1 个列表视图(ListView)、1 个打开文件对话框(OpenFileDialog)、1 个 Mapbox 控件和 1 个数据格网(DataGridView)控件来进行界面设计。首先,添加 1 个菜单栏(menuStrip)、1 个工具栏(toolStrip)、1 个状态栏(statusStrip)。然后,利用 1 个容器分割器(splitContainer)将剩余区域从水平方向分割为 2 个面板(panel),左边面板中放置 ListView 控件。最后,再利用 1 个容器分割器将右边面板从垂直方向上分割为上、下 2 个面板,在上面板中放置 Mapbox 控件，在下面板中放置 DataGridView 控件。ListView 控件充当图例控件的角色，Mapbox 控件负责地图交互窗口。在菜单栏的“文件”菜单中新增 1 个菜单项“添加 SHP”。在工具栏中新增多个命令项，包括 4 个地图浏览工具（放大、缩小、漫游、全幅显示）、1 个“清除所有图层”工具、1 组地图查询工具（含 3 个 label，2 个 textbox，1 个 combombox，1 个属性查图工具，1 个点选查询工具和 1 个框选查询工具）。设计好的应用程序窗体如图 3－5 所示。

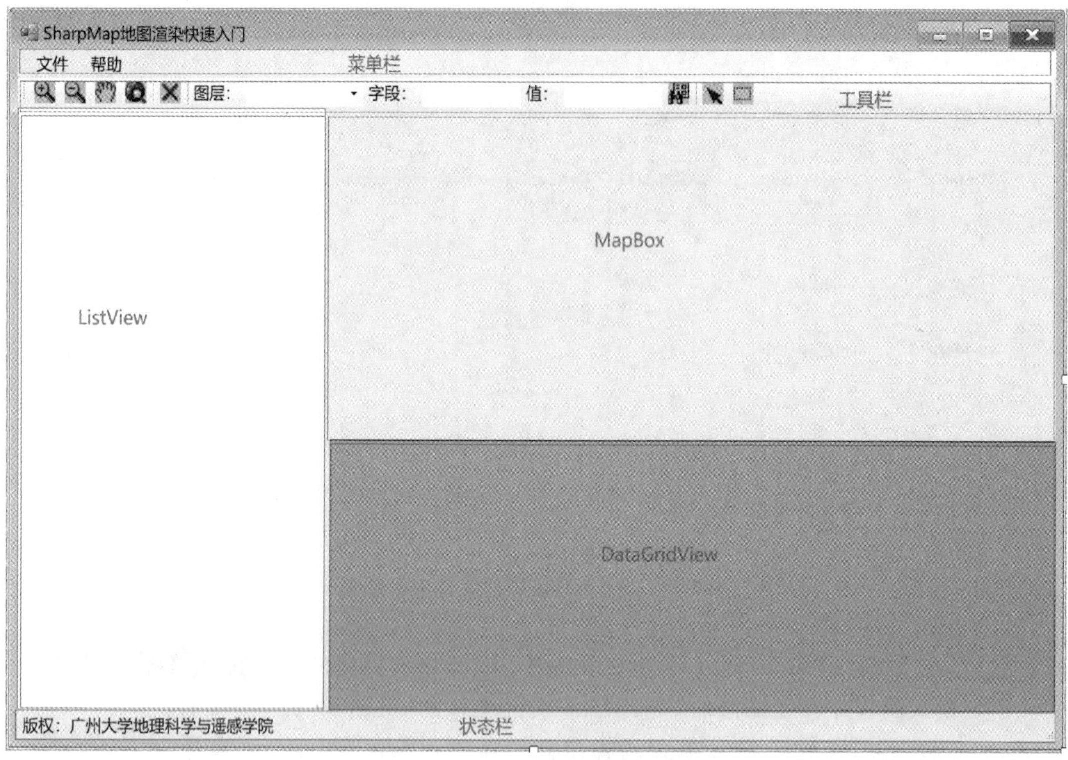

图 3－5　SharpMap 应用程序窗体

（3）地图渲染功能实现。首先在“添加 SHP”菜单项的 click 事件响应中，利用打开文件对话框选择广州大学城地图矢量数据 shp 文件，然后创建对应的矢量图层对象，接着将矢量图层对象添加到地图对象的图层集合中，最后刷新地图控件即可实现地图渲染功能。具体参考代码如下：

```
private void OpenShpMenu_Click(object sender,EventArgs e)
        {
            //设置打开文件对话框的文件类型筛选器
            openFileDialog1.Filter="shape 文件(*.shp)|*.shp|所有类型(*.*)|*.*";
            //设置对话框允许同时选择多个文件
            openFileDialog1.Multiselect=true;
            //显示对话框
```

```
DialogResult dr=openFileDialog1.ShowDialog();
//为 ListView 添加复选框及设置显示样式
listView1.CheckBoxes=true;
listView1.View=View.List;
if (dr==System.Windows.Forms.DialogResult.OK)
{
    //利用 for 循环遍历所选择的每个文件
    for (int i=0;i < openFileDialog1.FileNames.Length;i++)
    {
        //获取所打开的 shp 文件名
        string[] strNames=openFileDialog1.FileNames[i].Split('\\');
        string shpName=strNames[strNames.Length - 1].Split('.')[0];
        cboLayers.Items.Add(shpName);//将 shp 文件名添加到 cboLayers 控件
        //创建矢量图层对象 vlay
        VectorLayer vlay=new VectorLayer(shpName);
        //设置图层渲染的样式
        vlay.Style.Fill=new SolidBrush(Color.AliceBlue);//填充样式
        vlay.Style.Outline=System.Drawing.Pens.Red;//边界样式
        vlay.Style.EnableOutline=true;//是否渲染边界
        //设置矢量图层对象的数据集
        vlay.DataSource=new SharpMap.Data.Providers.ShapeFile(openFileDialog1.
        FileNames[i],true);
        //将矢量图层对象添加到地图窗口的图层集合中
        mapBox1.Map.Layers.Add(vlay);
        //将矢量图层名称添加到 listView1 中
        listView1.Items.Add(shpName);
        listView1.Items[i].Checked=true;
        listView1.Refresh();//刷新 listView1
    }
    mapBox1.Map.ZoomToExtents();//全幅显示地图
    mapBox1.Refresh();//刷新地图
    LayerRenderByCheck=true;
}
}
```

(4)地图浏览功能实现。在工具栏中的 4 个地图浏览操作工具的 click 事件中，分别实现相应的功能。其中，地图的缩放操作主要是通过改变 Map 对象的 Zoom 属性来实现，漫游操作是通过设置 Mapbox 的 ActiveTool 属性来实现，全幅显示操作则是通过调用 Map 对象的 ZoomToExtents()方法来实现。需要注意的是，地图窗口中内容一旦发生变化，需要调用 Mapbox 对象的 Refresh()方法来使改变生效。具体示范代码如下：

```
private void toolZoomIn_Click(object sender,EventArgs e)
{
    //放大地图
    mapBox1.Map.Zoom *=0.9;
    mapBox1.Refresh();
}
private void toolZoomOut_Click(object sender,EventArgs e)
{
    //缩小地图
    mapBox1.Map.Zoom *=1.1;
    mapBox1.Refresh();
}
private void toolPan_Click(object sender,EventArgs e)
{
    //设置地图工具为漫游
    mapBox1.ActiveTool=SharpMap.Forms.MapBox.Tools.Pan;
}
private void toolViewEntire_Click(object sender,EventArgs e)
{
    //全幅显示地图
    mapBox1.Map.ZoomToExtents();
    mapBox1.Refresh();
}
```

在工具栏中"清除图层"工具的 click 事件中，需要利用 for 循环调用 Layers 对象的 RemoveAt()方法来移除图层。具体示范代码如下：

```
private void toolClearLayers_Click(object sender,EventArgs e)
    {
        mapBox1.Map.Layers.AllowRemove=true;
        int lyercount=mapBox1.Map.Layers.Count;
        for (int i=0;i < lyercount;i++)
        {
            mapBox1.Map.Layers.RemoveAt(0);
            mapBox1.Refresh();
        }
            listView1.Items.Clear();
            listView1.Refresh();
        }
```

在本例中，listView1 充当了图例控件的角色，在交互操作时，通过勾选某图层名称实现图层的可见状态控制。因此，在 listView1 的 ItemChecked 事件响应中，通过设置 Layer 对象的 Enabled 属性来控制该图层是否可见。具体示范代码如下：

```
private void listView1_ItemChecked(object sender, ItemCheckedEventArgs e)
{
    //设置选中图层的可用状态
    mapBox1.Map.Layers[e.Item.Text].Enabled=e.Item.Checked;
    mapBox1.Refresh();
}
```

(5)地图查询功能实现。常见的地图查询功能可以分为图查属性、属性查图两类。在此，我们通过模拟 ArcMAP 软件中的 Identify 工具来为读者介绍 SharpMap 的图查属性功能实现。图查属性功能的实现逻辑为：首先，设置地图交互工具为点选查询工具，并通过鼠标选取待查询对象的属性信息。然后，当选中对象后会触发 Mapbox 控件的 mapQueried 事件，在该事件的委托代码中通过 FeatureDataTable 类型的参数即可获取待查询对象的属性信息表。最后，将属性信息表显示在程序界面中。具体实现过程如下：

首先，在窗体类中定义一个静态变量，用来指示地图查询操作。示范代码为：

```
//设置静态变量用来指示地图查询操作
public static bool mapQuery=false;
```

然后，在工具栏中"识别"工具的 click 事件响应代码中设置地图交互工具为点选查询操作。示范代码为：

```
private void btnIdentify_Click(object sender, EventArgs e)
{
//设置地图交互工具为点选查询
mapBox1.ActiveTool=SharpMap.Forms.MapBox.Tools.QueryPoint;
Form1.mapQuery=true;
}
```

最后，在 mapBox1 控件的 mapQueried 事件响应代码中将查询结果显示在数据格网控件(dataGridView1)中。示范代码为：

```
private void mapBox1_mapQueried(FeatureDataTable data)
{
 if (Form1.mapQuery==true)//执行图查属性操作
 {
  dataGridView1.DataSource=data;
 }
}
```

运行程序，在工具栏中选择"框选查询"，随后在地图窗口中拉框选中几何对象，查询结果将显示在数据格网控件中。运行结果如图 3-6 所示。

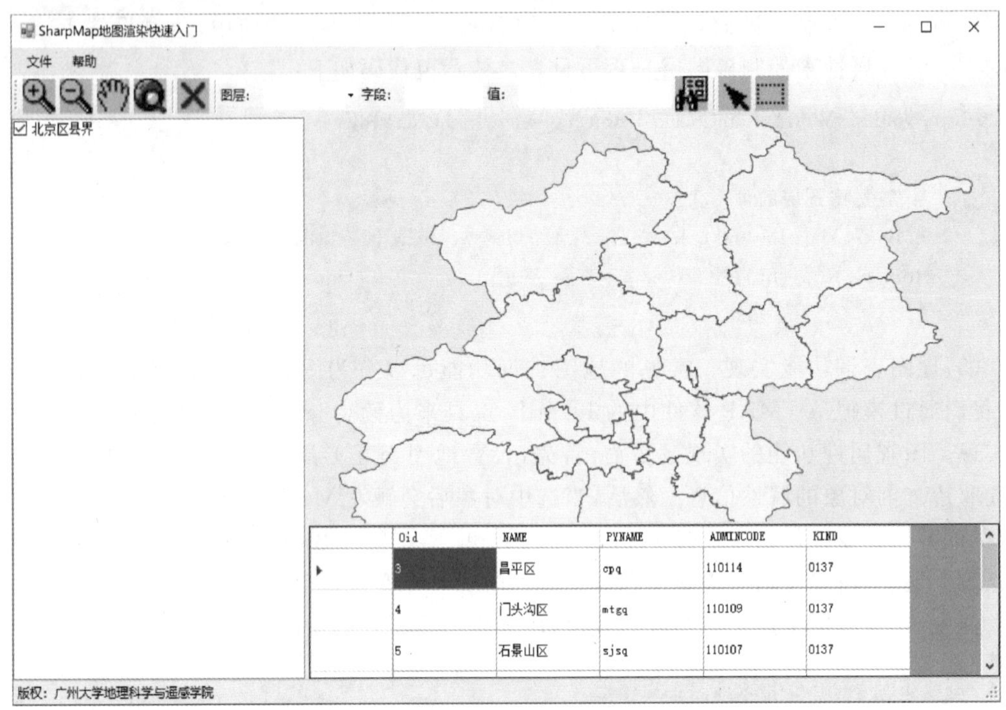

图 3-6　SharpMap 框选查询结果

属性查图功能的实现逻辑为：首先根据条件查找目标图层中特定字段值与查询条件相同的记录；然后创建一个临时的矢量图层对象用来保存查询结果对应的几何对象：最后将临时图层添加到地图对象的图层集合中并刷新地图控件即可实现查询结果高亮显示在地图窗口的效果。具体实现代码如下：

```
private void btnQueryByAttr_Click(object sender,EventArgs e)
{
string sLayerName,sFieldName,sFieldValue;
sLayerName=cboLayers.SelectedItem.ToString();//获取所选中的图层名称
sFieldName=txtFieldName.Text;//获取查询的字段名
sFieldValue=txtFieldValue.Text;//获取查询的字段值
FeatureDataSet ds=new SharpMap.Data.FeatureDataSet();//创建要素数据集对象
//获取待查询的目标图层
VectorLayer objVLyr=(VectorLayer)mapBox1.Map.Layers[sLayerName];
if (objVLyr !=null)
{
long count=objVLyr.DataSource.GetFeatureCount();//获取目标图层中包含的要素数量
if (!objVLyr.DataSource.IsOpen)objVLyr.DataSource.Open();
SharpMap.Data.FeatureDataRow tempFeat;//创建要素数据行对象(一行记录对应一个几何对象)
for (uint i=0;i< count;i++)//利用循环遍历目标图层的所有要素,查找满足条件的结果
{
```

```
tempFeat=objVLyr.DataSource.GetFeature(i);//获取当前记录对应的几何对象
if (tempFeat[sFieldName].ToString().Contains(sFieldValue))//执行查询条件
{   //满足条件,则高亮显示该要素;
//创建要素数据表对象 tempTable,用于保存满足查询条件的要素数据
SharpMap.Data.FeatureDataTable tempTable=new SharpMap.Data.FeatureDataTable();
tempTable=(tempFeat.Table as SharpMap.Data.FeatureDataTable).Clone();
tempTable.LoadDataRow(tempFeat.ItemArray,false);
FeatureDataRow tempRow;
tempRow=tempTable.Rows[tempTable.Rows.Count - 1]as FeatureDataRow;
tempRow.Geometry=tempFeat.Geometry;
//创建矢量图层对象 laySelected,用于渲染查询结果
VectorLayer laySelected=new SharpMap.Layers.VectorLayer("Selection");
//设置 laySelected 的数据源为 tempTable
laySelected.DataSource=new SharpMap.Data.Providers.GeometryProvider(tempTable);
//设置渲染颜色为黄色
laySelected.Style.Fill=new System.Drawing.SolidBrush(System.Drawing.Color.Yellow);
mapBox1.Map.Layers.Add(laySelected);//添加临时图层到地图窗口
}
mapBox1.Refresh();//刷新地图
}
}}
```

运行程序,在工具栏中选择查询目标图层为"北京区县界",查询字段为"NAME",查询条件为"昌平区",点击"查询"工具按钮,查询结果将显示在地图窗口中。运行结果如图 3-7 所示。

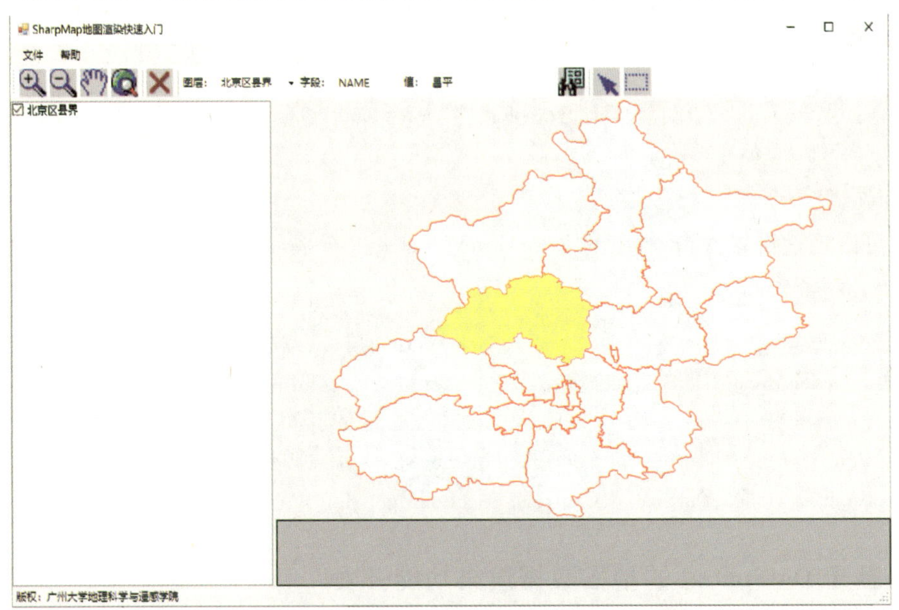

图 3-7　SharpMap 条件查询结果

第三节　基于 DotSpatial 的 GIS 数据渲染功能开发

一、基于 DotSpatial 的数据渲染功能实现逻辑

基于 DotSpatial 的数据渲染功能实现逻辑如下。

(1)引入所需的命名空间：

```
using DotSpatial. Controls;
using DotSpatial. Data;
using DotSpatial. Projections;
```

(2)创建一个新的地图(Map)对象，地图对象由不同的图层(Layer)叠加组成。通过访问 Map 对象的 Layers 属性可以获取地图对象的图层集合。针对图层集合对象，可以通过 Layers. Add()方法来添加图层，也可以直接调用 Map 对象的 AddLayer()方法来添加图层到地图。

以下代码演示了如何创建一个地图对象：

```
Map myMap=new Map();
```

(3)创建一个图层(Layer)对象，将空间数据指定为图层的数据源，设置其样式。示范代码中将 bus_line. shp 数据中的几何要素作为图层添加到地图：

```
var shp=Shapefile. OpenFile("Shapefiles\\bus_line. shp");
shp. Projection=KnownCoordinateSystems. Geographic. World. WGS1984;//shp 数据的坐标系
MapLineLayerlayer=new MapLineLayer(shp);//根据 shp 数据创建矢量图层
```

(3)设置 Layer 对象的样式，例如填充、线形等属性，并将图层添加到 Map 的 Layers 集合。示范代码为：

```
layer. Symbolizer=new DotSpatial. Symbology. LineSymbolizer(Color. FromArgb(0x33,0x33,0x33),
1);//定义图层符号化的样式
myMap. Layers. Add(layer);
```

(4)可以通过设置 Map 对象的 FunctionMode 来进行平移、缩放、选择、要素识别等地图浏览操作。示范代码为：

```
map1. FunctionMode=DotSpatial. Controls. FunctionMode. Pan;//平移
map1. FunctionMode=DotSpatial. Controls. FunctionMode. ZoomIn;//放大
map1. FunctionMode=DotSpatial. Controls. FunctionMode. ZoomOut;//缩小
map1. FunctionMode=DotSpatial. Controls. FunctionMode. Select;//选择
map1. FunctionMode=DotSpatial. Controls. FunctionMode. Info;//要素识别
```

二、基于 DotSpatial 的地图数据渲染功能开发

(1)开发环境配置。参照第一节简介部分进行设置即可，在此不再赘述。

（2）数据准备。与上一节相同，本节同样以渲染北京市行政边界矢量数据（shapefile 格式）为例，来介绍基于 DotSpatial 的二维 GIS 数据渲染功能实现。

（3）界面设计。为了简化篇幅，此处的程序界面设计与第二节几乎保持一致，在此不再赘述。设计完毕的应用程序界面如图 3－8 所示。

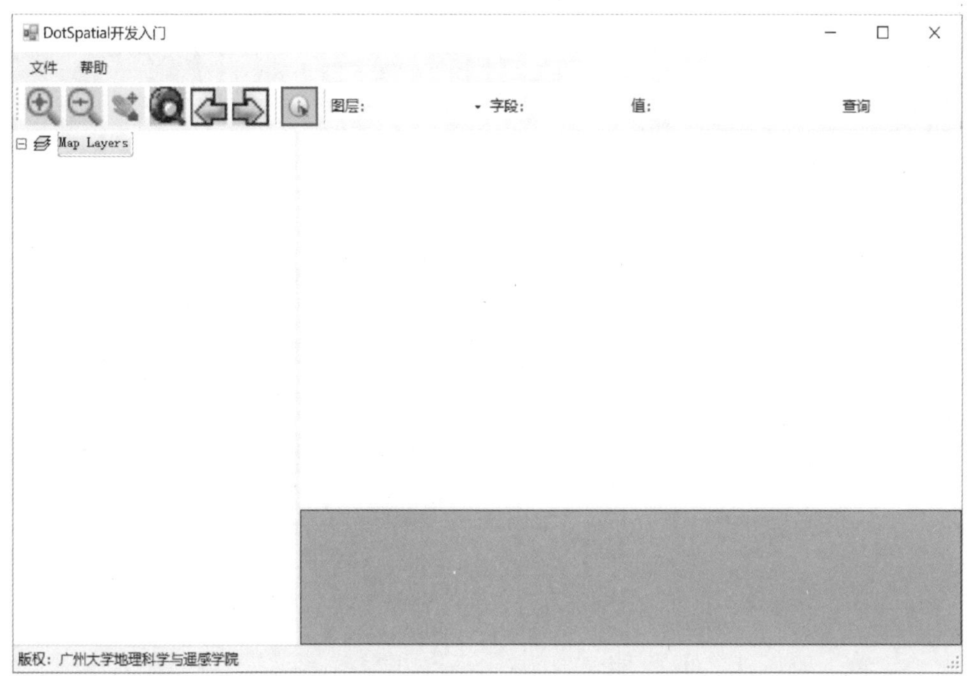

图 3－8　DotSpatial 应用程序窗体界面

（4）地图渲染功能实现。首先，在“添加 SHP”菜单项的 click 事件响应中，利用打开文件对话框选择矢量数据 shp 文件；然后，创建 shp 数据对应的矢量图层对象；接着，将矢量图层对象添加到地图对象的图层集合中；最后，刷新地图控件即可实现地图渲染功能。具体参考代码如下所示：

```
//设置打开文件对话框的文件类型筛选器
openFileDialog1. Filter="shape 文件(＊. shp)|＊. shp|All files(＊. ＊)|＊. ＊";
DialogResult dr=openFileDialog1. ShowDialog();
if (dr==System. Windows. Forms. DialogResult. OK)
{
var shp=Shapefile. OpenFile(openFileDialog1. FileName);
shp. Projection=KnownCoordinateSystems. Geographic. World. WGS1984;
MapPolygonLayer layer=new MapPolygonLayer(shp);
layer. Symbolizer=new DotSpatial. Symbology. PolygonSymbolizer(Color. White,Color. Blue);
map1. Layers. Add(layer);
}
```

(5)地图浏览功能实现。在工具栏的6个地图浏览操作工具的click事件中,分别实现相应的功能。其中,地图的放大、缩小、上一视图、下一视图和全幅显示等操作主要是通过调用Map对象的方法来实现,漫游操作是通过设置Map对象的FunctionMode属性来实现。需要注意的是,地图窗口中内容一旦发生变化,需要调用Map对象的Refresh()方法来使改变生效。具体示范代码如下:

```
private void toolZoomIn_Click(object sender,EventArgs e)
  {
   map1.ZoomIn();//放大
  }
private void toolZoomOut_Click(object sender,EventArgs e)
  {
   map1.ZoomOut();//缩小
  }
private void toolPan_Click(object sender,EventArgs e)
  {
   map1.FunctionMode=DotSpatial.Controls.FunctionMode.Pan;//平移
  }
private void toolViewEntire_Click(object sender,EventArgs e)
  {
   map1.ZoomToMaxExtent();//全幅显示
  }
```

(6)要素识别功能实现。在工具栏的identify工具的click事件中,实现相应的功能。对于DotSpatial而言,要素识别功能操作非常简单,主要是通过设置Map对象的Function-Mode属性来实现。具体示范代码如下:

```
private void toolIdentify_Click(object sender,EventArgs e)
{
 map1.FunctionMode=DotSpatial.Controls.FunctionMode.Info;//点选查询
}
```

运行程序,在工具栏中选择"identify",随后在地图窗口中鼠标点击选中某个几何对象,查询结果将显示在弹出窗体中,运行结果如图3-9所示。本书的写作目的主要是给读者一个基础的入门指引,因此,基于属性条件和空间位置关系的复杂空间查询功能,在此不再深入介绍,请读者可参考官方网站提供的教程或范例程序,自行探索实践。

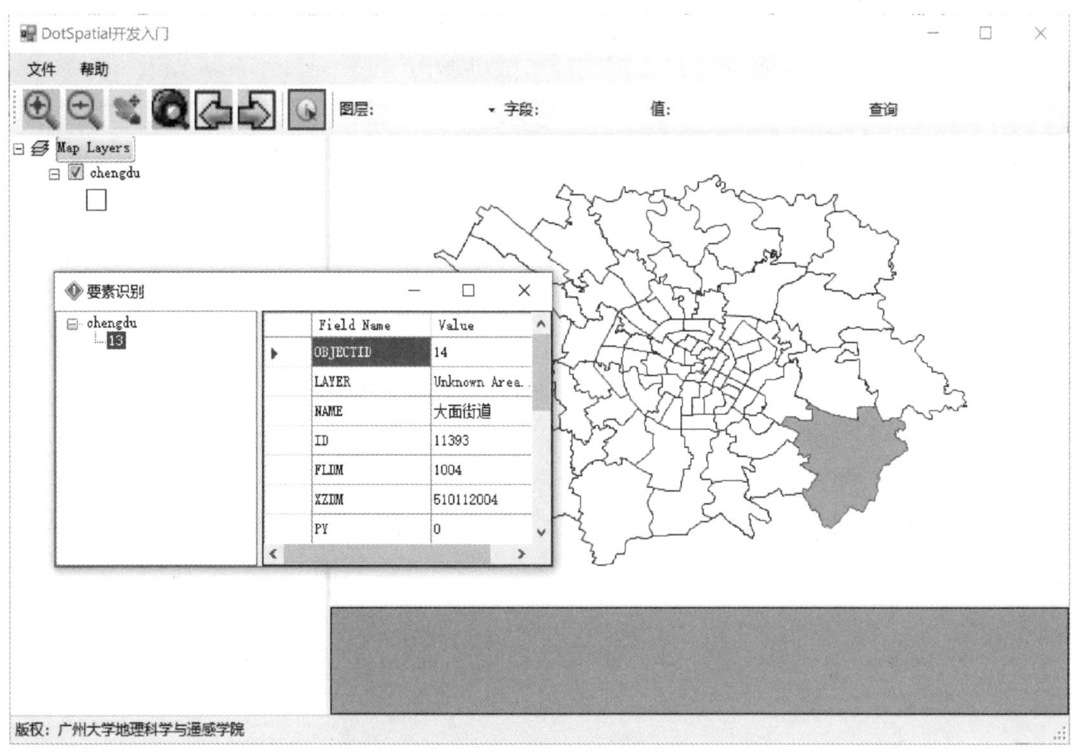

图 3－9　DotSpatial 点选查询结果

第四节　本章小结

本章以 SharpMap 和 DotSpatial 两个开源软件类库为 GIS 开发包，运用 C＃语言进行了桌面 GIS 应用中数据渲染与查询功能开发的介绍与演示。与 ArcGIS、SuperMap 等“大而全”的商业软件相比，SharpMap 和 DotSpatial 具有其自身优势，即不用安装任何插件、软件代码开源、可扩展性强、体积小、成本低等。尤其是，如果项目对于 GIS 功能的需求是较为简单的场景（如只需要进行简易的地图渲染与查询功能），应用开源软件无疑是较好的解决方案。根据博主“岬減箫声”的测试（参见 https://blog.csdn.net/caoshiying/article/details/51831033），利用 DotSpatial 进行地图渲染，开启 10 个线程，100 个图层，同时刷新。结果显示，在并发访问量为 1000 的情况下，地图运行非常流畅，表现出了不逊色于 ArcGIS 的性能。由此可见，精良的架构设计、健壮的代码，使得上述开源软件的性能和可用性都得到了有效的保证。

从开发逻辑来看，SharpMap 和 DotSpatial 之间大同小异。其内在逻辑其实可以归纳到 GIS 的两个核心概念中。第一个核心概念是数据准备，根据应用目的确定数据源的形式（矢量或栅格）、坐标系统等。第二个核心概念是地图、图层与数据集的关系。图层是数据集的可视化形式(特定的符号化、样式),数据集是图层的数据源。地图则是由若干图层在垂直方向上叠加而成。进行GIS数据渲染时,常见的做法是获取地图的图层集合对象,然后将新图层加入其中即可。软件包通常会提供现成的函数供调用,如 Map. Layers. Add(layer)。不论运用何种软件包进行开发,都需要掌握这些核心概念,区别只是各个软件设计的架构和接口存在一定差异。

第四章　基于 Leaflet 和 Mapbox 的 WebGIS 应用开发

第一节　应用软件简介

一、Mapbox 类库简介

1. Mapbox 简介

Mapbox 是一个支持 Web 和移动地图开发制作过程的开发平台，用于创建自定义应用程序，解决地图、数据和空间分析问题。Mapbox 包含了较为丰富的数据源，如街道、地形、卫星影像和交通信息等数据。其中，街道包括基于 OpenStreetMap(OSM)数据源的街道、建筑物、行政区域、水域和陆地资料，每五分钟更新一次。地形包括陆地覆盖物资料和全球高程数据集，配有轮廓线、山体阴影和高程数据。卫星影像包括经由 Mapbox 处理后的各种来源的全球卫星图像。卫星影像服务使用全球卫星和来自商业卫星提供商、NASA 和 USGS 的航空图像。目前可提供的分辨率级别包括 0—8：MODIS 2012—2013，9—12：Landsat 5 & 7 2010—2011，13—19；公开和专有资源的组合包括美国数字地球公司(DigitalGlobe)的 GBM 2011＋，美国农业部的 NAIP 2011 — 2013，以及丹麦、芬兰和德国部分地区的公开遥感图像；交通信息包括 Mapbox 街道上定期更新的车辆拥堵信息。详细信息可以查阅 Mapbox 网站的矢量瓦片图概览。Mapbox 的另外一大核心功能是提供在线的自定义地图设计工具 Mapbox Studio，堪称在线地图领域的 Photoshop。技术人员可以使用在 Mapbox Studio 样式编辑器中创建的自定义样式或使用 Mapbox 提供的模板样式，还可以通过代码添加想要的任何其他数据，包括 GeoJSON、图像甚至视频。由此可见，利用 Mapbox Studio，技术人员可以高效、灵活地定制在线地图。

在技术和体验上，Mapbox 对传统 GIS 软件的冲击堪称颠覆性。尤其值得一提的是它为开源社区贡献了 mapbox. js、mapbox. gl. js、node - sqlite3 等众多开源项目，极大地提升了浏览器端地图渲染的能力。此外，Mapbox 还为 iOS 和 Android 提供了一个 MapsSDK，用于在原生应用中发布地图。iOS 和 Android 的 MapsSDK 被分别设计用于替代苹果 Mapkit 和 GooglemapsSDK 的产品。MapsSDK 对于有这两方面经验的移动开发人员来说应该很熟悉。通常，可以通过更改一行代码将地图替换为 Mapbox。每个 SDK 绑定了 5 种 Mapbox 设计的地图样式，可以处理使用 Mapbox Studio 样式编辑器创建自定义地图样式。

2. Mapbox SDK&API 介绍

Mapbox 先后提供了 Mapbox. js 和 Mapbox GL JS 两个版本的 JavaScript API。其中，

前者的最终版本为 v3.3.1，目前官方已不再持续开发和推荐使用，在此也不做说明。如有感兴趣的读者，请查阅互联网资源（如网址 https://docs.mapbox.com/mapbox.js/api/v3.3.1/）获得详细信息。

Mapbox GL JS 是 Mapbox 官方推荐使用的 JavaScript 库，用于从 Mapbox 样式和矢量瓦片创建交互式的、可自定义的地图。Mapbox GL JS 使用 WebGL 技术，能够在地图中构建包括平滑缩放、地图方位和倾角、基础地图数据检索以及动态过滤选定呈现的数据等高级交互。需要注意的是，使用 Mapbox GL JS 的浏览器必须支持 WebGL 技术，有可能在一些旧的浏览器中无法运行，而 Mapbox.js 则没有此限制。

Mapbox GL JS 的独特做法是通过地图样式的代理（Style）文件来配置地图。Style 文件的内容如下所示：

```
{
    "version":8,
    "name":"Mapbox Streets",
    "sprite":"mapbox://sprites/mapbox/streets-v8",
    "glyphs":"mapbox://fonts/mapbox/{fontstack}/{range}.pbf",
    "sources":{...},
    "layers":[...]
}
```

接下来，针对 Style 文件的设计理念予以分析说明。从 GIS 数据渲染的角度来看，一般需要考虑两个部分：第一是数据来源（类似 shp 格式的矢量数据集），第二是数据的可视化形态（类似将 shp 格式的矢量数据集添加到 ArcMAP 中并以特定的样式予以渲染，即图层 layer）。这两个部分分别与 Style 文件中的 sources 和 layers 相对应。Mapbox 的 source 支持 Vector、Raster、GeoJSON、Image 和 Video 等格式。GeoJSON 格式可以支持各种矢量数据类型，包括集合。Vector 和 Raster 则主要解决的是矢量和栅格瓦片地图，可以通过 type 属性来说明 source 的类型。source 和 layer 之间属于一对多的关系，二者之间通过 id 字段实现关联。layer 的类型包括 background、fill、line、symbol、raster、circle。除了 background 类型的 layer 不需要绑定 source 之外，其他的类型都需要有 source。其中，fill 类型的 layer 负责面要素，line 类型的 layer 负责线要素，symbol 类型的 layer 负责处理点、文字等要素，raster 类型的 layer 负责栅格图片。多个 layer 组合在一起，就构成了一幅地图。此外，Mapbox 也充分考虑了个别特殊元素的定制化显示需求，如果要对一批元素中的某些个别元素进行定制化呈现，可以在 layer 中设置 Filter，满足条件的元素才会被呈现出来。综上所述，Style 文件是 Mapbox 的核心，Mapbox GL JS API 也是围绕着这个核心提供服务。API 的详细说明请参见官网，网址为 https://www.mapbox.com/mapbox-gl-js/api。

二、Leaflet 类库简介

Leaflet 是一个开源 JavaScript 库，用于构建 Web 地图应用，首次发布于 2011 年。它支持大多数移动和桌面平台，支持 HTML5 和 CSS3。它的用户包括 FourSquare、Pinterest 和

Flickr。Leaflet 允许没有 GIS 背景的开发人员非常容易地显示托管在公共服务器上的瓦片 Web 地图，并且可以叠加图层。它可以从 GeoJSON 文件中加载地理要素数据，设置样式，并创建交互式图层，如点击时会弹出窗口的标记。

Leaflet 支持非球面墨卡托投影显示地图。Leaflet 类库本身可以通过变量 L 访问。Leaflet 原生支持 Web 地图服务(WMS)层、GeoJSON 层、矢量层和瓦片层，并通过插件支持许多其他类型的图层。与其他 Web 地图库一样，由 Leaflet 实现的基本显示模型是一个基本地图，不加或加上多个半透明覆盖，上面显示 0 或多个矢量对象。此外，还有各种工具类，如用于管理投影、变换和与 DOM 交互的接口。

Leaflet 中的主要对象类型有栅格类型(TileLayer 与 ImageOverlay)、矢量类型(Path、Polygon，以及特定类型，如 Circle)、群组类型(LayerGroup、FeatureGroup 与 GeoJSON)、控件(Zoom、Layers 等)。

Leaflet 的核心支持少数 GIS 标准格式，其他格式通过插件来支持。具体的 GIS 格式支持情况如表 4-1 所示。

表 4-1　Leaflet 支持的数据格式

标准	支持情况
GeoJSON	良好，通过 GeoJSON 函数支持，核心功能
KML、csv、WKT、TopoJSON、GPX	用 Leaflet-Omnivore 插件支持
WMS	通过 TileLayer. WMS 子类型支持，核心功能
WFS	不支持，不过有第三方插件
GML	不支持

在浏览器支持方面，Leaflet 支持 Chrome、Firefox、Safari 5+、Opera 12+和 IE 7～IE 11 等主流浏览器。Leaflet 与 OpenLayers 是两个较为类似的类库，因为两者都是开源的，而且客户端都只有 JavaScript 库。与 OpenLayers 的 230 000 行代码相比，Leaflet 类库要小得多，大约有 7 000 行代码(截至 2015 年)。与 OpenLayers 相比，它的代码占用空间更小，部分原因是它使用模块化结构。与腾讯、百度、高德等地图服务商的 JavaScript API 类似，Leaflet 的使用难度相当，但更加灵活和易于配置，能加载更多的地图，设置更丰富的效果。由于 Leaflet 可以很好地兼容 iOS 和 Android 系统，因此在移动应用开发中也受到了众多开发人员的青睐。开发者可以用 HTML5 页面的形式将其 Leaflet 的功能嵌入移动设备端的应用软件中，从而迅速地构建一套移动 GIS 系统。

Leaflet 的原始设计理念是构建一个专注核心功能的轻量级框架从而广为流行，因此在开源社区内衍生出了数量丰富的插件用来扩展原生 Leaflet 的功能(详情可以查阅 https://leafletjs.com/plugins.html)。类似交互式缩放、热力图、距离与面积测量、地址编码(geocoding)等大部分常见的 Web 地图应用功能，都可以通过调用插件来实现。这一特性无疑可以帮助非 GIS 或地图专业的开发人员迅速上手来搭建 WebGIS 应用。此外，Leaflet 也兼容

ESRI ArcGIS、SuperMap 等商业 GIS 软件平台，如 ESRI 公司发布了一款开源产品 Esri Leaflet（官方网址为 http://esri.github.io/esri-leaflet/）用于在 Leaflet 中使用 ArcGIS 地图服务。该产品功能全面，支持常用的 ArcGIS 查询、编辑等功能，同时继承了 Leaflet 的小巧灵活、修改容易等优点。SuperMap 公司针对 Leaflet 也有对应的产品，如 SuperMap iClient 9D for Leaflet 等。考虑到 Leaflet 的开源性质，其可拓展性无疑是要优于商业 GIS 软件的。

使用 Leaflet 开发的常用功能包括地图加载（底图类型、切换）、地图操作（缩放、平移、定位/书签、动画）、图层管理（加载、移除、调整顺序）、要素标绘（点/聚簇、线、面，符号化/静态动态）、属性标注（字段可选、样式定制）、专题地图（点、线、面，渲染）、查询定位（属性查询、空间查询/周边搜索/缓冲区/面查点线面/点线查面、图属互查、综合查询）、信息窗口（入口、Popup、定制）、坐标转换（地理与投影、不同地理坐标系）、空间运算（长度面积测量、点取坐标、缓冲区、相交包含关系）、动态监控（固定点状态切换、车辆监控）等。限于篇幅，Leaflet 常用的 API 介绍请读者自行查阅官方文档，此处不再赘述。

第二节　环境配置及开发原理分析

一、Leaflet 中的地图构成及相关概念

在 GIS 中一幅地图通常由若干数量的图层在垂直方向上叠加而组成，因此地图也被认为是一个图层集合（Layers）。单个图层（Layer）是指能够在视觉上覆盖一定空间范围，用来描述全部或者部分现实世界区域内的地理要素的抽象概念。Web 页面中地图元素组成如图 4-1 所示。

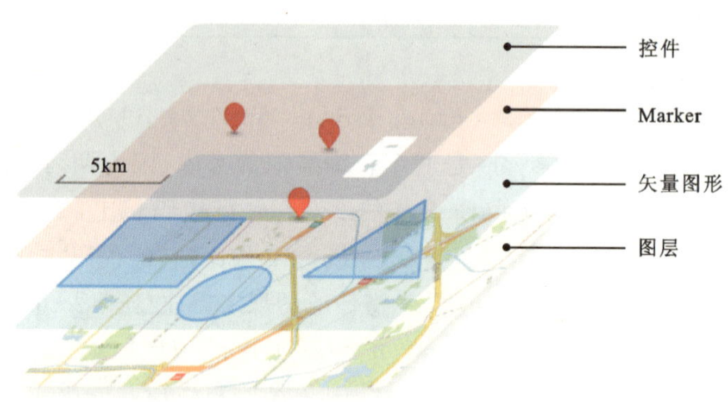

图 4-1　Leaflet 的地图构成

（引用自高德地图 API，https://lbs.amap.com/api/javascript-api/guide/abc/components）

基于 HTML 页面构建的 WebGIS 应用中，地图通常装载在特定的容器（Container）中。这一容器的角色通常是在 HTML 中创建具有指定 id 的 div 对象来担任。该 div 将作为承载所有图层、标记、矢量图形和控件的容器。

矢量图形一般覆盖于底图图层之上，通过矢量的方式（路径或者实际大小）来描述其形

状，用几何的方式来展示真实的地图要素，会随着地图缩放而发生视觉大小的变化，但其代表的实际路径或范围不变，例如图 4－1 中的折线、圆、多边形等。标记点（Markers）是用来标示某个位置点信息的一种地图要素，覆盖于图层之上，如图 4－1 中蓝色方框中的两个点状要素，其在屏幕上的位置会随着地图的缩放和中心变化而发生改变，但是会与图层内的要素保持相对静止。地图控件浮在所有图层和地图要素之上，用于满足一定的交互或提示功能，一般相对于地图容器静止，不随着地图缩放和中心变化而发生位置的变化，如图 4－1 中绿色方框中的比例尺和级别控件。

Leaflet API 中的图层主要包括 UI 图层、栅格图层、矢量图层和其他图层 4 类。其中，UI 图层包括 Marker 标记点、Popup 弹窗、Tooltip 鼠标提示；栅格图层包括 TileLayer 瓦片图层、TileLayer. WMS、ImageOverlay、VideoOverlay；矢量图层包括 Path 矢量基类、Polyline 线、Polygon 多边形、Rectangle 矩形、Circle 圆、CircleMarker 圆形标记、SVGOverlay、SVG 矢量渲染器、Canvas 矢量渲染器；其他图层包括 LayerGroup 图层组、FeatureGroup、GeoJSON 图层、GridLayer 网格图层。由此可见，除了提供了加载其他厂商发布的标准地图服务的图层接口，Leaflet 还提供了加载矢量图形、图片、Canvas、视频、SVG 对象的图层接口。因此，应用 Leaflet 可以构建数据源异常丰富的 WebGIS 应用。

坐标参照系统（CRS）是地图的核心概念之一，也是正确显示地图的基础要素。GIS 中的坐标参照系统可以分为地理坐标系和投影坐标系。Leaflet 支持几乎所有常见的 CRS，可以通过标准代码名称（如'EPSG：3857'）来引用。“EPSG”是“European Petroleum Survey Group”（欧洲石油调查小组）的缩写，该组织发布了一个坐标参照系统的数据集，并维护坐标参照系统的数据集参数，以及坐标转换描述，数据集对全球收录到的坐标参照系统进行了编码。EPSG：3857 是在线地图最常见的 CRS，是一种基于球体的伪墨卡托投影（也称为 Web 墨卡托），几乎所有的免费和商业瓦片供应商都在使用。EPSG：4326 是日常生活中经常提及的 WGS84 坐标系统（GPS 定位数据使用的坐标系统就是 WGS84）。读者可以访问网站 http：//epsg. io/，来查询各个标准代码名称对应的 CRS。查询界面如图 4－2 所示。

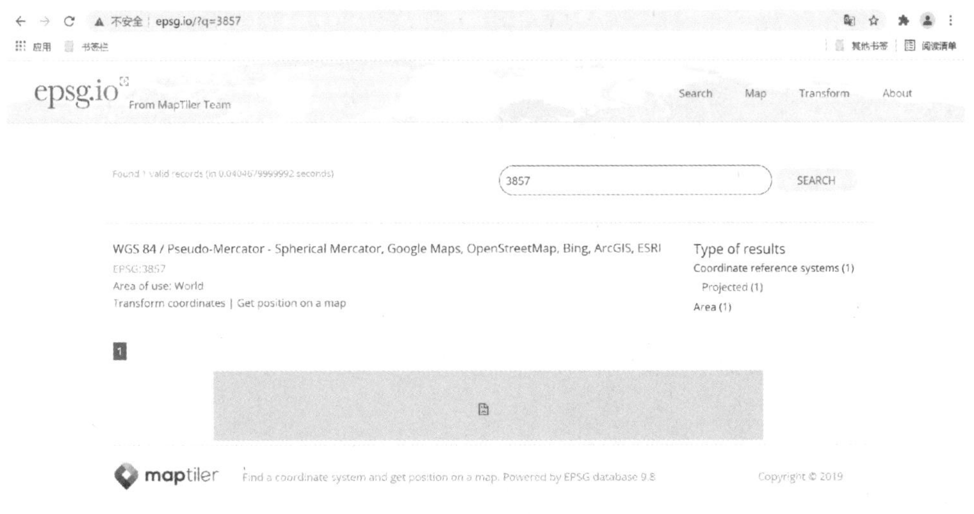

图 4－2　EPSG 代码查询界面

二、基于 Mapbox GL JS 的地图服务设置

由于 Mapbox 的地图服务都是以在线形式提供，因此首先需要注册开发者账号。在浏览器中访问 https://www.mapbox.com ，点击进入注册（sign up）页面，如图 4-3 所示。

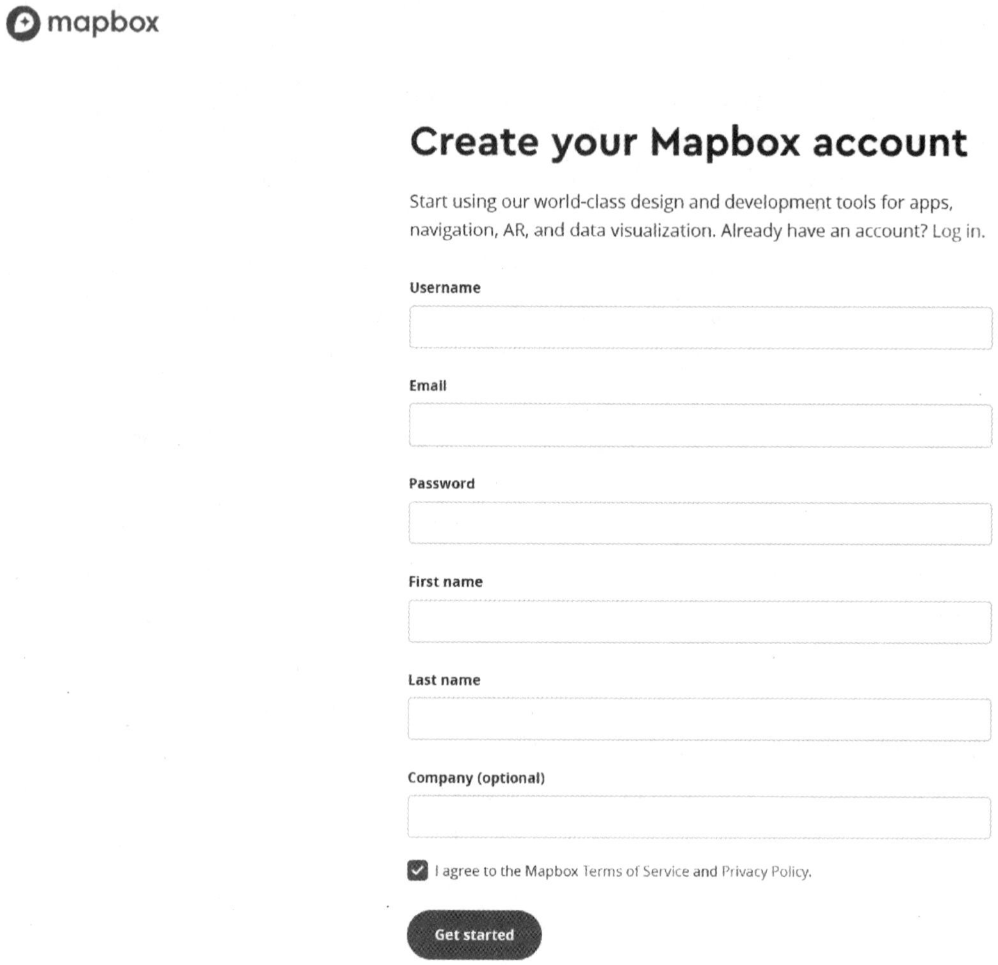

图 4-3　Mapbox 注册页面

输入必要信息并注册完毕后，登录进入 Mapbox 网站，页面如图 4-4 所示。

点击“Integrate Mapbox”，进入添加 Mapbox 到应用的网页界面，如图 4-5 所示。

在图 4-5 所示的页面中点击“JS Web”图标，进入 Mapbox GL JS 的安装页面，如图 4-6 所示。

在图 4-6 所示的页面中选择安装方式为“Use the Mapbox CDN”，并依次单击“Next”按钮后即可获取在项目中访问 Mapbox 地图服务 API 的密钥（access_token 对应的字符串）。具体操作流程如图 4-7 所示。

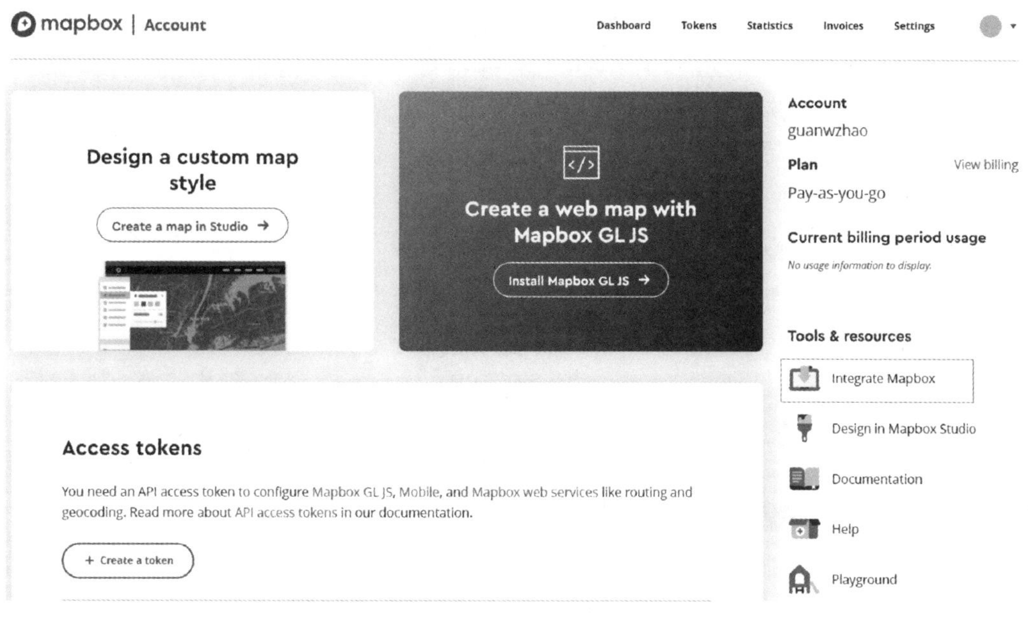

图 4－4　Mapbox 登录后页面

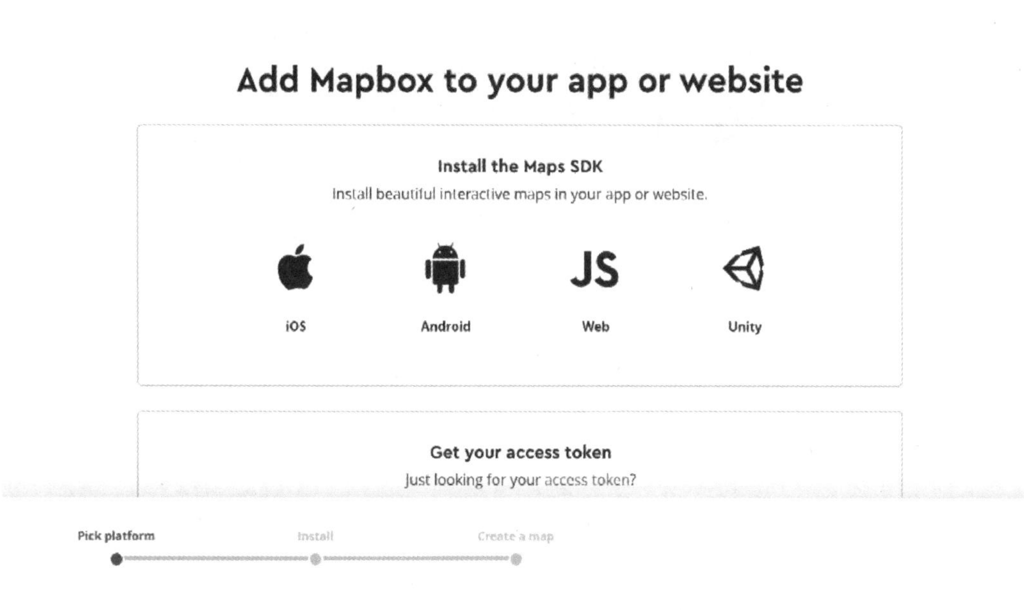

图 4－5　Integrate Mapbox 页面

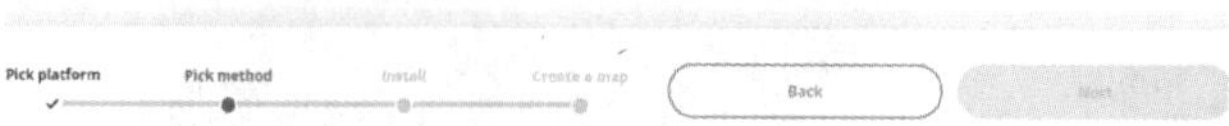

图 4－6　Mapbox GL JS 安装页面

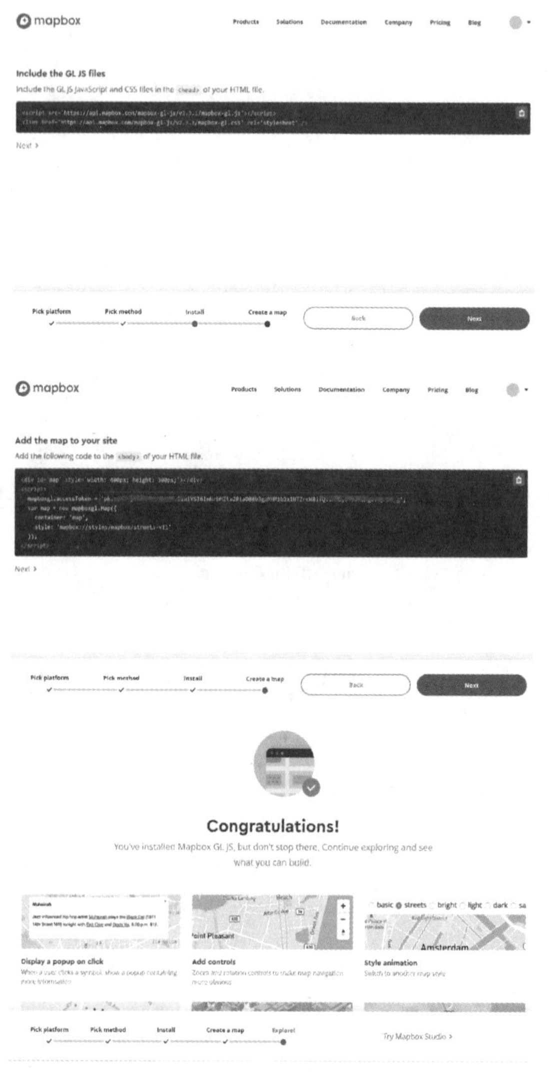

图 4－7　Mapbox GL JS 安装流程示意图

至此，Mapbox GL JS 类库的环境安装已完成。接下来，利用 Mapbox Studio 创建一个地图样式。对初学者而言，Mapbox 的 Basic 和 Strees 模板是非常合适的选择。创建地图样式后，即可获取访问地图服务的 URL 和 access_token。本书演示利用 Mapbox 的静态 API 来访问地图服务。具体操作流程如图 4－8 所示。

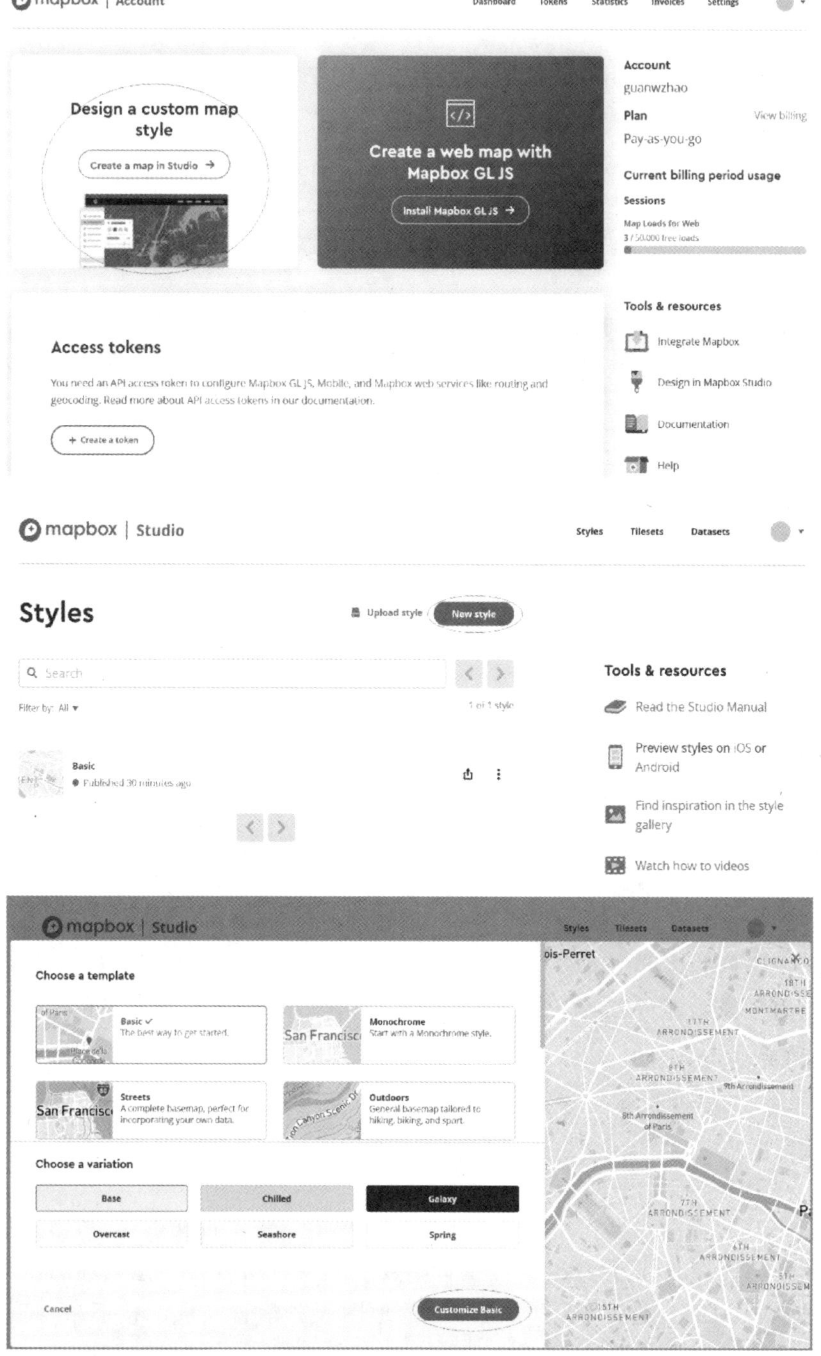

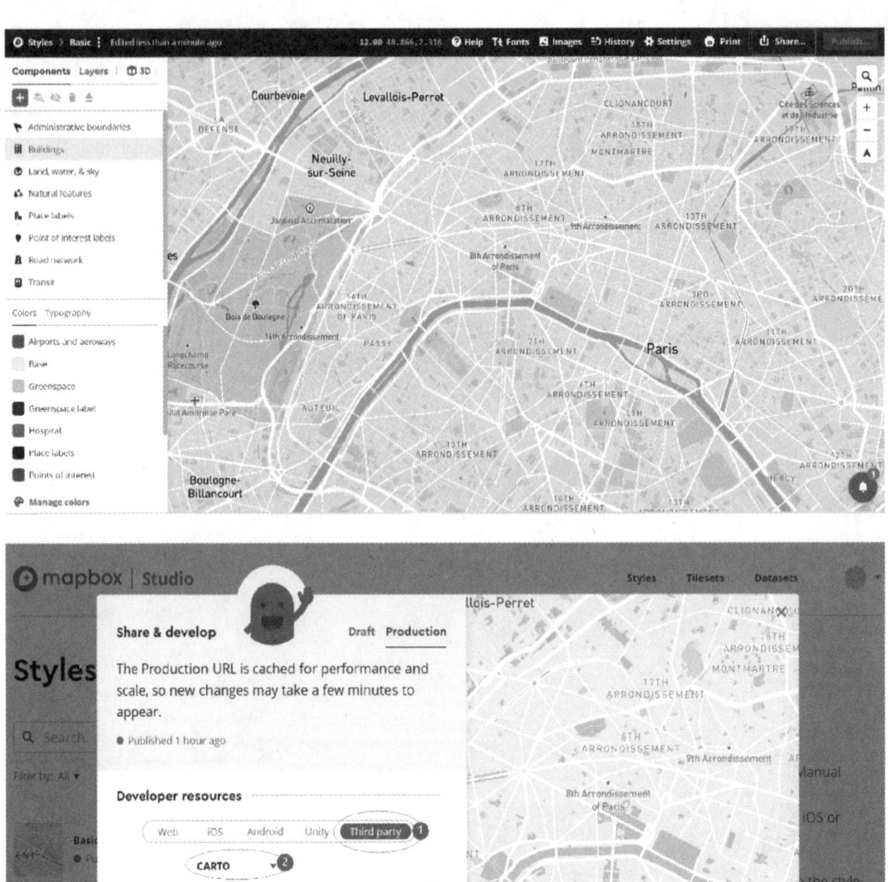

图 4 - 8　利用 Mapbox API 访问地图服务的流程

在图 4 - 8 中依照圆圈中的数字顺序，依次选择“Third party”“CARTO”，最后点击③号标注处的“copy”工具，即可获得在第三方应用中整合 Mapbox 地图服务的 URL。该 URL 的格式如下所示：

```
https://api.mapbox.com/styles/v1/guanwzhao/ckvrryud604fd14ntr9rhqw3f/tiles/256/{z}/{x}/{y}@2x?access_token=pk.************.************uv0yueV_g。
```

上述 URL 中，{z}/{x}/{y}用于显示地图中心位置。需要说明的是，考虑到信息保密要求，URL 中 access_token 信息中的部分字符串被星号字符所替换。感兴趣的读者可以自行操作获取可用的 URL。到此，基于 Mapbox 的地图服务配置完成。接下来，我们来学习如何利用 Leaflet 进行 WebGIS 应用开发。

三、基于 Leaflet 的 WebGIS 应用开发逻辑

本节使用的开发环境(IDE)为 Visual Studio Code 1.62.0 版本，浏览器采用 Chrome 91.0.4472.164 版本，操作系统为 Windows 10 家庭中文版。Leaflet 的使用非常容易，基本开发逻辑如下。

(1)需要确保在 HTML 页面中依次引用 Leaflet 的 css 样式文件和 js 文件。引入的方式分为在线引用和离线引用，都是通过 HTML 的 link 和 script 标记来实现的。开源社区中的大部分类库都会将文件上传到免费的内容分发网络(Content Delivery Network，CDN)中以便技术人员使用。截至本书出版时，最新的 Leaflet 稳定版本 1.7.1 已在多个 CDN 上提供。使用时，直接将引用代码放在 HTML 代码的开头即可：

```
<link rel="stylesheet"href="https://unpkg.com/leaflet@1.7.1/dist/leaflet.css"/>
<script src="https://unpkg.com/leaflet@1.7.1/dist/leaflet.js"></script>
```

为避免潜在的安全问题，Leaflet 官方建议并鼓励在使用 CDN 中的 Leaflet 时启用 sub-resource integrity，示范代码如下：

```
<link rel="stylesheet"href="https://unpkg.com/leaflet@1.7.1/dist/leaflet.css"
integrity = " sha512 - xodZBNTC5n17Xt2atTPuE1HxjVMSvLVW9ocqUKLsCC5CXdbqCmblAshOMAS6/keqq/sMZMZ19scR4PsZChSR7A=="crossorigin=""/>
<script src="https://unpkg.com/leaflet@1.7.1/dist/leaflet.js"
integrity="sha512-XQoYMqMTK8LvdxXYG3nZ448hOEQiglfqkJs1NOQV44cWnUrBc8PkAOcXy20w0vlaXaVUearIOBhiXZ5V3ynxwA=="crossorigin=""></script>
```

离线引用的方式略微复杂一点。首先从官网下载类库文件，下载网址为 https://leafletjs.com/download.html。然后将下载得到的 leaflet.zip 文件解压缩，并将解压缩得到的所有文件放置到与 HTML 文件的同一级目录中(图 4-9 为操作完成后的文件夹，网页代码文件为 leafletStudy.html)。最后通过 HTML 的 link 和 script 标记来实现引用 leaflet 的 css 和 js 类库。

示范代码为：

```
<!--引入 leaflet 的 css 和 js 文件-->
<link rel="stylesheet"href="./leaflet.css"/>
<script src="./leaflet.js"> </script>
```

(2)在完成上述开发环境配置操作后，即可利用 div 等容器来显示地图。示范代码为：

```
<div id="myMap"></div>
#myMap { height:900px;}
```

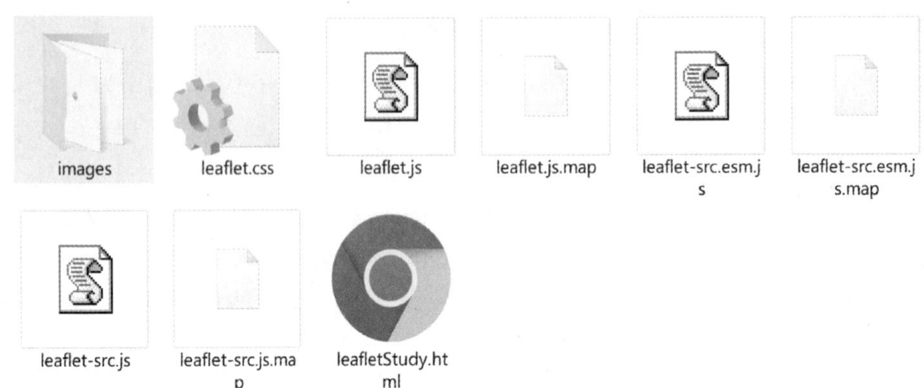

图 4-9 Leaflet 网页应用文件夹

(3)可以创建地图对象,并针对地图进行初始化操作,包括设置打开地图的地理位置、显示级别、坐标系等。值得一提的是,Leaflet 类库本身可以通过变量 L 访问。

使用 L. map 的构造函数实例化一个地图对象。构造函数的语法格式为 L. map(id,options?),第一个参数"id"指定地图容器的 ID,第二个参数"options"为可选参数,是列表类型,用来设定地图对象的显示特征,例如地图显示的地理中心和缩放级别等。示范用法如下:

```
var mymap=L.map('myMap',{
                    center:[39.9788,116.30226],
                    zoom:14 });
```

(4)地图的参数初步设置好了,接下来添加地图数据源。由于 Leaflet 官方推荐使用的是 Mapbox 地图,因此本书也主要以 Mapbox 地图服务为例进行介绍。Mapbox 的矢量地图是以瓦片地图(TileMap)的形式提供,因此需要调用打开瓦片图层的接口 L. TileLayer。受限于服务器处理能力、网络带宽等因素,常见的电子地图服务供应商基本都已采用了瓦片地图技术。瓦片地图技术的基本原理是将地图服务提供商提供的某个区域的电子地图在各种显示等级上,预先分割成多张小图片进行存储。用户在浏览器端请求地图时,服务器将待显示区域的多张瓦片进行拼接显示,以达到减少传输带宽、改善交互体验的效果。

Leaflet 的典型用法是将 Leaflet 的"map"元素绑定到 HTML 元素(如 div)上。然后将图层和标记添加到"map"元素中。添加来自 openstreetmap 的瓦片地图数据的代码示范为:

```
// create a map in the "map"div,set the view to a given place and zoom
var map=L.map('map').setView([51.505,-0.09],13);
// add an OpenStreetMap tile layer
// Tile Usage Policy applies:https://operations.osmfoundation.org/policies/tiles/
L.tileLayer('http://{s}.tile.openstreetmap.org/{z}/{x}/{y}.png',{attribution:'&copy;<a href=
"http://openstreetmap.org/copyright">OpenStreetMap</a> contributors' }).addTo(map);
```

(5)地图数据源配置成功后,即可利用 Leaflet 的 API 和各类插件实现地图交互、查询、叠加等 GIS 功能。

第三节 Leaflet 开发示例解读

众所周知,在进行 Web 应用程序开发时,开源社区中有众多框架可供选择,如 VUE 等。但是,为了使读者更容易理解,本书暂不涉及 Leaflet 和 Mapbox 之外的应用框架,所有代码均以 HTML 和 JavaScript 语言为主。

一、简易 WebGIS 应用开发

根据前文描述的开发逻辑,本节利用 Mapbox 矢量地图瓦片服务,尝试构建一个简易的地图应用程序。应用程序构建的核心步骤如下:

(1)利用 link 和 script 命令先后引入 Leaflet 的 CSS 与 JS 文件。

(2)创建用于装载地图的 div 对象,设置 div 对象的 id。

(3)配置 div 对象的样式,务必需要设置 div 的高度,否则无法正常显示地图。

(4)使用 L. map()构造函数来创建一个地图对象(假设对象名为 leafletMap),设置地图对象的参数,包括初始中心地理位置、缩放级别等。例如,L. map('mapDiv'). setView([51.505,-0.09],13),其中“[51.505,-0.09]”是中心地理位置,“13”是缩放级别。

(5)运用 L. tileLayer(url,options?). addTo(leafletMap)获取矢量瓦片地图图层,并添加图层到地图对象 leafletMap。相对完整的示范代码如下:

```
L. tileLayer(url,{   maxZoom:18,
            id:'mapbox. basic',
            attribution:'leaflet 入门教程,Imagery © <a href="http://mapbox. com">Mapbox</a>',
    }). addTo(leafletMap);
```

其中,URL 使用的是前文所创建的 Mapbox 瓦片地图数据,具体地址为 https://api. mapbox. com/styles/v1/guanwzhao/ckvrryud604fd14ntr9rhqw3f/tiles/256/{z}/{x}/{y}@2x? access_token=pk. * * * * * * * * * * * *. * * * * * * * * * * * * uv0yueV_g。maxZoom 是最大的缩放级别(Mapbox 官网提供的最大缩放级别是 18),id 是地图的样式,Mapbox 默认提供了 7 种样式(详情可以查阅 Mapbox Studio 的样式定制页面),本节选择了 basic 样式。

(6)利用 Leaflet 的 marker、circle、polygon 添加标记、圆圈和多边形等几何对象,再为地图窗口中的点击操作增加响应事件。至此,一个简单的 WebGIS 应用就完成了。完整的 HTML 文件代码如下所示(包含注释信息):

```
<! DOCTYPE html>
<html>
<head>
    <meta charset="UTF-8">
```

```
    <title>leaflet 入门</title>
  </head>
  <body>
  <! -- 引入 leaflet 的 css 和 js 文件 -->
  <link rel="stylesheet"href="./leaflet.css"/>
  <script src="./leaflet.js"> </script>
  <! --设置地图容器的高度 -->
  <style>
  #mapDiv { height:600px;}
  </style>
  <! --创建一个容器 div 用于容纳地图对象,必须有 id 属性 -->
  <div id="mapDiv"></div>
  <script>
        //获取 Mapbox 官网注册并创建的地图服务的 url
        var url='https://api.mapbox.com/styles/v1/guanwzhao/ckvrryud604fd14ntr9rhqw3f/tiles/
256/{z}/{x}/{y}? access_token='pk.eyJ1IjoiZ3**************************';
        //初始化地图,地图中心位置经纬度坐标为(23.4,113.5),缩放级别为 6
        var leafletMap=L.map('mapDiv').setView([23.04,113.36],6);
        //将瓦片图层加载到地图上,设置最大的缩放级别、地图样式等参数
        L.tileLayer(url,{
            maxZoom:18,
            id:'mapbox.streets',
            attribution:'leaflet 入门教程,Imagery © <a href="http://mapbox.com">Mapbox</a>',
        }).addTo(leafletMap);
        //增加一个标记(marker)对象,并绑定了一个 popup 事件,默认为弹出状态
        L.marker([23.04,113.36]).addTo(leafletMap)
            .bindPopup("<b>你好! </b><br />欢迎来到广州大学。").openPopup();
        //增加一个圆形对象,设置圆心、半径、样式
        L.circle([23.04,113.36],500,{
            color:'red',
            fillColor:'#f03',
            fillOpacity:0.5
        }).addTo(leafletMap).bindPopup("我是 leaflet 的圆形.");
        //增加一个多边形对象
        L.polygon([  [27.2,112.5],
            [25.6,115.8],
            [26.4,105.2]
        ]).addTo(leafletMap).bindPopup("我是 leaflet 的多边形.");
        //为鼠标单击地图操作添加 popup 事件
```

```
            var popup=L.popup();
            function onMapClick(e){
                popup.setLatLng(e.latlng)
                        .setContent("鼠标单击的坐标信息："+e.latlng.toString())
                        .openOn(leafletMap);
            }
            leafletMap.on('click',onMapClick);
    </script>
    </body>
    </html>
```

在 IDE 中启动调试 HTML 页面，运行结果如图 4－10 所示。

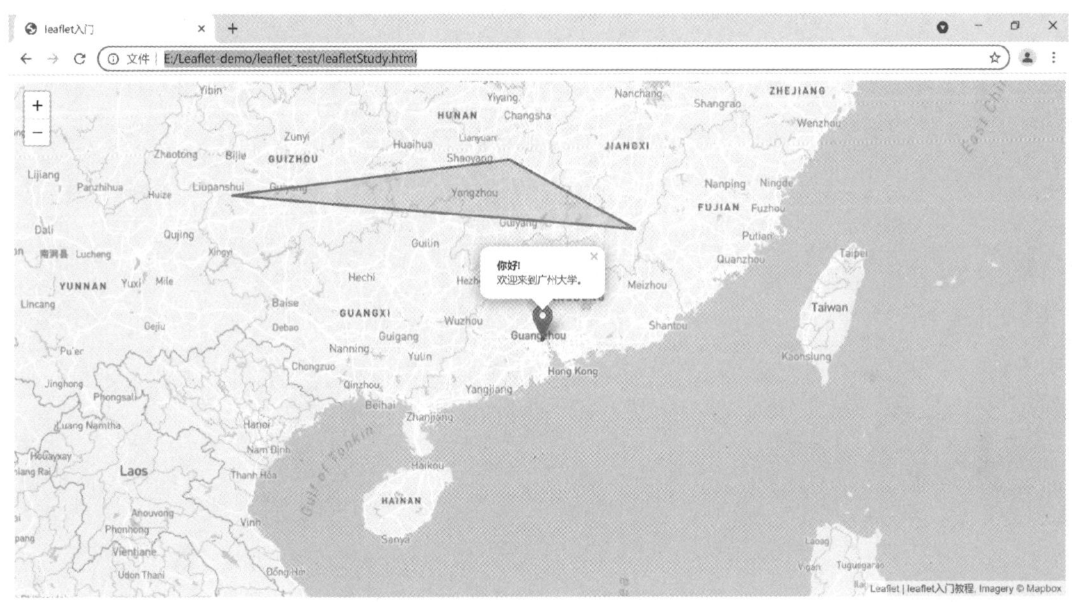

图 4－10　基于 Leaflet 的简易地图应用效果

鼠标点击三角形时，弹出气泡窗体，显示“我是 leaflet 的多边形”。具体效果如图 4－11 所示。

放大地图至图钉所在区域（广州大学城区域），鼠标单击“Guangzhou University”文字，弹出鼠标单击位置的坐标信息。具体效果如图 4－12 所示。

二、常见 WebGIS 功能开发

在上一部分中实现了一个简易的地图应用程序。接下来，将针对常见的 WebGIS 应用功能开发进行介绍。

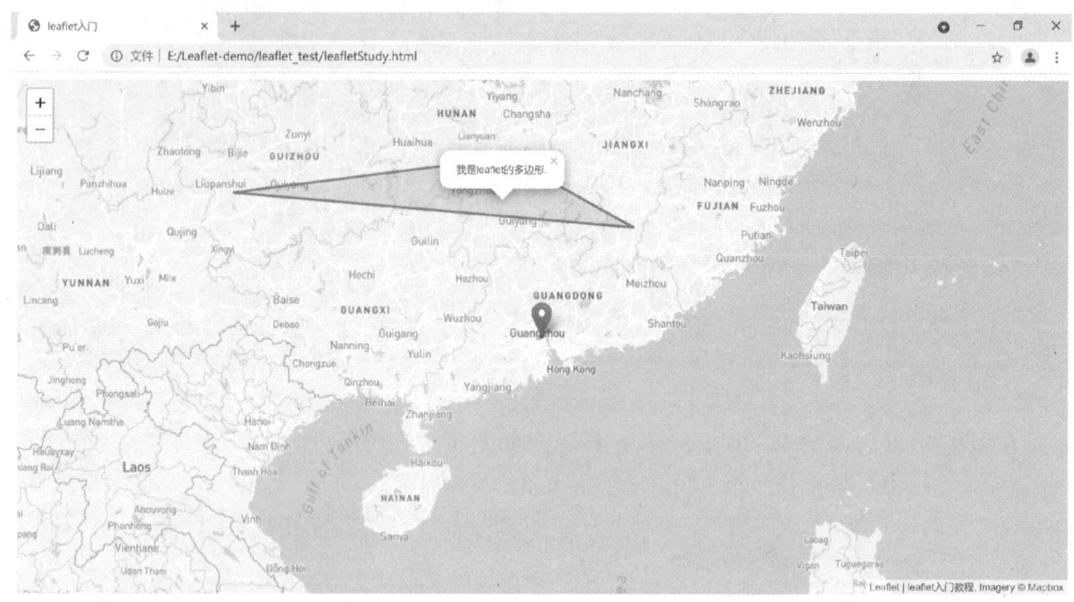

图 4-11　Leaflet 简易地图应用的气泡功能效果

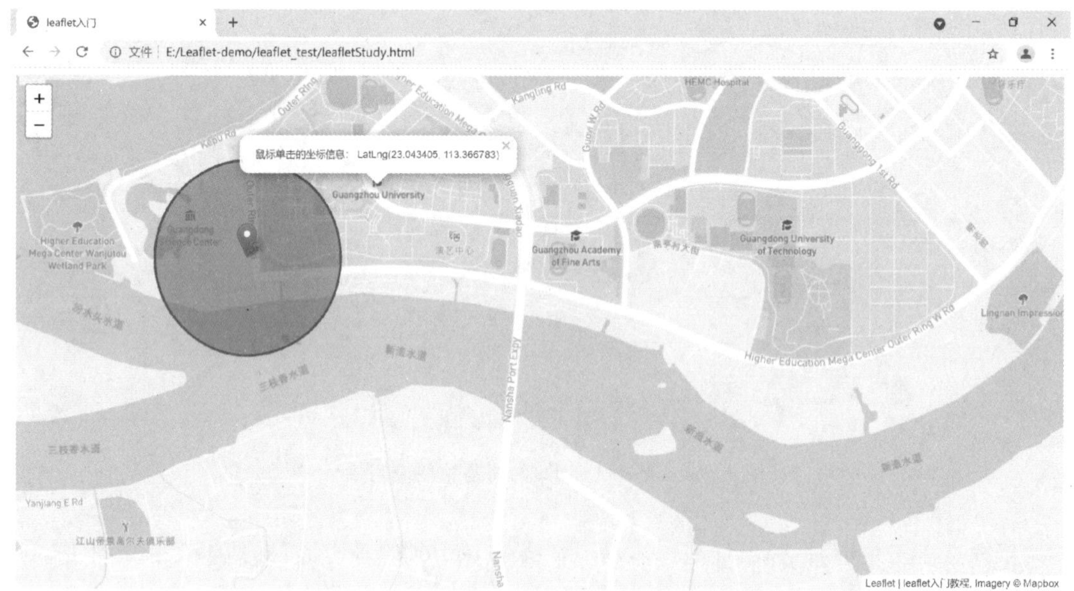

图 4-12　Leaflet 简易地图应用的鼠标位置效果

1. 更换地图数据源

虽然 Mapbox、OSM 等地图服务商提供的都是世界范围内较为优秀的产品，但是，针对中国地区的 WebGIS 应用开发而言，实现对百度地图、高德地图、天地图等地图服务的支持也是必不可少的。Leaflet 通过插件的形式来提供对中国地图服务的访问，官方集成的插件名为"Leaflet. ChineseTmsProviders"，网址为 https://github. com/htoooth/Leaflet. ChineseTmsProviders。

该插件的使用流程可分为 4 步：首先，访问该插件的 GitHub 页面，下载 ChineseTmsProviders 的 js 文件；然后，将 js 文件与 leaflet 类库的 js 文件放在同一文件夹目录下；接着，在 HTML 文件中添加对 ChineseTmsProviders.js 文件的引用；最后，在 HTML 文件中创建中国各地图服务商对应的瓦片地图服务图层即可。如果需要使用天地图服务，则需要配置访问天地图的密钥。本书并不针对该插件的用法进行介绍；感兴趣的读者可以查阅 GitHub 页面中提供的针对各类地图服务的 Demo。

除了 ChineseTmsProviders 插件以外，还可以使用由火星科技团队研发的 tileLayer.baidu 类库来引入百度地图的数据服务，访问地址为 https://github.com/buildlove/leaflet-tileLayer-baidu。由于百度地图的坐标系统采用了特定的 BD-09 坐标系，与高德地图、天地图的坐标系统（GCJ-02）存在区别，因此使用 tileLayer.baidu.js 类库需要先引入 proj4.js 和 proj4leaflet.js 两个插件。在此，以添加百度地图的基础瓦片地图服务、实时交通路况信息服务为例，进行介绍。具体实现逻辑如下。

（1）引入相关的类库（css 和 js）文件，定义用于装载地图的 div 容器样式。定义 div 样式的代码与前文类似，在此不再赘述。引入相关类库的示范代码为：

```
<link rel="stylesheet"href="https://unpkg.com/leaflet@1.7.1/dist/leaflet.css"/>
<script src="https://unpkg.com/leaflet@1.7.1/dist/leaflet.js"></script>
<script src="https://cdn.bootcss.com/proj4js/2.4.3/proj4.js"></script>
<script src="https://cdn.bootcss.com/proj4leaflet/1.0.1/proj4leaflet.min.js"></script>
<script src="./leaflet/tileLayer.baidu.js"></script>
```

（2）利用 L.map() 创建一个地图对象，设置其坐标参考系（CRS）为百度坐标系。示范代码为：

```
var map=L.map('map',{
    crs:L.CRS.Baidu,
    center:[23.0,113.3],
    zoom:12
});
```

（3）添加百度瓦片地图图层到地图对象，并显示在 div 容器中。示范代码为：

```
//添加百度瓦片地图图层
var bdMap=L.tileLayer.baidu({ layer:'vec',bigfont:true}).addTo(map);
//添加百度实时交通路况图层
var bdTrafficMap=L.tileLayer.baidu({ layer:'time' }).addTo(map);
```

完整的 HTML 页面代码为：

```
<html>
  <head>
<meta charset="utf-8">
```

```
<title>百度地图实时路况</title>
<link rel="stylesheet"href="https://unpkg.com/leaflet@1.7.1/dist/leaflet.css"/>
<script src="https://unpkg.com/leaflet@1.7.1/dist/leaflet.js"></script>
<script src="https://cdn.bootcss.com/proj4js/2.4.3/proj4.js"></script>
<script src="https://cdn.bootcss.com/proj4leaflet/1.0.1/proj4leaflet.min.js"></script>
<script src="./leaflet/tileLayer.baidu.js"></script>
<style>
    #map {height:100%;}
</style>
  </head>
  <body>
<div id="map"></div>
<script>
  //注意将 map 的 crs 赋值,因为百度地图的坐标系统是特有的 BD-09 坐标系
var map=L.map('map',{
    crs:L.CRS.Baidu,
    minZoom:3,
    maxZoom:18,
    attributionControl:false,
    center:[23.0,113.3],
    zoom:12
});
//添加百度瓦片地图图层
var bdMap=L.tileLayer.baidu({ layer:'vec',bigfont:true}).addTo(map);
//添加百度实时交通路况图层
var bdTrafficMap=L.tileLayer.baidu({ layer:'time' }).addTo(map);
</script>
  </body>
</html>
```

启动调试,运行 HTML 文件后,浏览器页面中会显示广州市区域内的百度瓦片地图信息和实时交通路况信息(绿色表示道路运行通畅,红色表示拥堵),具体界面如图 4-13 所示。

接下来,介绍不利用第三方插件,直接使用 Leaflet 的 API 来实现添加高德地图、天地图等瓦片地图服务的方法。具体流程与前文中使用第三方插件访问的步骤非常相似,首先都是引入相关的类库(css 和 js)文件,定义用于装载地图的 div 容器,设置容器样式;然后创建地图对象,添加图层到地图中。两者主要区别在于访问瓦片地图服务的 URL 有所不同。在此将高德地图、天地图和 OSM 的访问代码整合到一个网页文件中进行介绍。高德地图、天地图和 OSM 的访问 URL 如下所示:

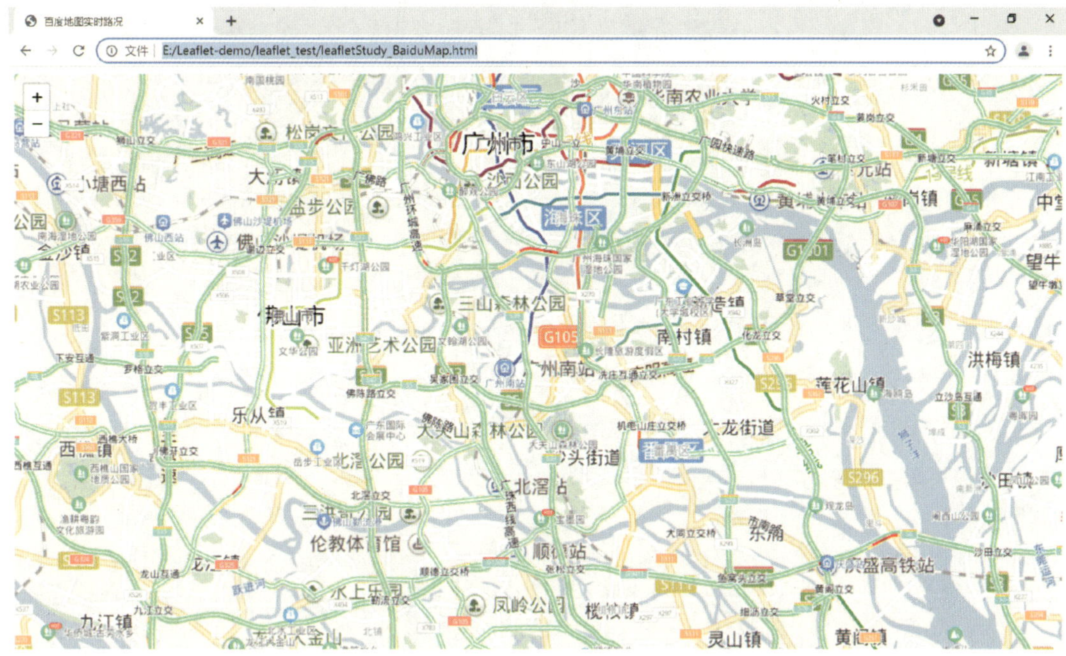

图 4 - 13　基于 Leaflet 的百度地图实时路况效果图

```
var tiandituKey='44964 * * * * * * * * * * * * 7';
var gaodeNormalMapUrl = 'http://webrd0{s}.is.autonavi.com/appmaptile?lang=zh_cn&size=
1&scale=1&style=8&x={x}&y={y}&z={z}',
gaodeSatelliteMapUrl='http://webst0{s}.is.autonavi.com/appmaptile?style=6&x={x}&y={y}
&z={z}',
gaodeAnnotionMapUrl='http://webst0{s}.is.autonavi.com/appmaptile?style=8&x={x}&y={y}
&z={z}',
osmNormalMapUrl='https://{s}.tile.osm.org/{z}/{x}/{y}.png',
tiandituSatelliteMapUrl='http://t{s}.tianditu.gov.cn/DataServer?T=img_w&X={x}&Y={y}&
L={z}&tk='+tiandituKey,
tiandituAnnotionMapUrl='http://t{s}.tianditu.gov.cn/DataServer?T=cia_w&X={x}&Y={y}&
L={z}&tk='+tiandituKey;
```

可以利用 L.control.layers(option1,option2)函数在 Leaflet 中实现图层控制功能，其中 option1 中的选项为单选按钮，option2 中则为多选按钮。开发人员根据需要来设置选项，如果不需要则直接赋值 null 即可。完整的 HTML 页面代码为：

```
<!DOCTYPE html>
<html>
<head>
```

```
    <title>加载高德-OSM-天地图瓦片地图</title>
    <meta charset="utf-8"/>
    <link rel="stylesheet"href="https://unpkg.com/leaflet@1.7.1/dist/leaflet.css"/>
    <script src="https://unpkg.com/leaflet@1.7.1/dist/leaflet.js"></script>
    <script src="https://cdn.bootcss.com/proj4js/2.4.3/proj4.js"></script>
    <script src="https://cdn.bootcss.com/proj4leaflet/1.0.1/proj4leaflet.min.js"></script>
    <style>
    #map { height:650px;}
    </style>
</head>
<body>
    <div id="map"></div>
</body>
<script>
//定义天地图访问密钥,其中部分字符串以*代替
var tiandituKey='44964a97c*************4467';
//定义各类地图服务访问URL
var gaodeNormalMapUrl = 'http://webrd0{s}.is.autonavi.com/appmaptile?lang=zh_cn&size=
1&scale=1&style=8&x={x}&y={y}&z={z}',
    gaodeSatelliteMapUrl='http://webst0{s}.is.autonavi.com/appmaptile?style=6&x={x}&y=
    {y}&z={z}',
    gaodeAnnotionMapUrl='http://webst0{s}.is.autonavi.com/appmaptile?style=8&x={x}&y=
    {y}&z={z}',
    osmNormalMapUrl='https://{s}.tile.osm.org/{z}/{x}/{y}.png',
    tiandituSatelliteMapUrl='http://t{s}.tianditu.gov.cn/DataServer?T=img_w&X={x}&Y=
    {y}&L={z}&tk='+tiandituKey,
    tiandituAnnotionMapUrl='http://t{s}.tianditu.gov.cn/DataServer?T=cia_w&X={x}&Y=
    {y}&L={z}&tk='+tiandituKey;
//利用L.tileLayer()创建各类地图服务对应的瓦片图层
var gaodeNormalMap=L.tileLayer(gaodeNormalMapUrl,{
        subdomains:'1234',
        maxZoom:21,
        minZoom:3,
        coordType:'gcj02'
    }),
    gaodeNormalMapOp=L.tileLayer(gaodeNormalMapUrl,{
        subdomains:'1234',
        maxZoom:21,
        minZoom:3,
```

```
        opacity:0.6,
        coordType:'gcj02'
    }),
    gaodeSatelliteMap=L.tileLayer(gaodeSatelliteMapUrl,{
        subdomains:'1234',
        maxZoom:21,
        minZoom:3,
        coordType:'gcj02'
    }),
    gaodeSatelliteMapOp=L.tileLayer(gaodeSatelliteMapUrl,{
        subdomains:'1234',
        maxZoom:21,
        minZoom:3,
        opacity:0.6,
        coordType:'gcj02'
    }),
    gaodeAnnotionMap=L.tileLayer(gaodeAnnotionMapUrl,{
        subdomains:'1234',
        maxZoom:21,
        minZoom:3,
        coordType:'gcj02'
    }),
    osmNormalMap=L.tileLayer(osmNormalMapUrl,{
        subdomains:'abc',
        maxZoom:21,
        minZoom:3,
        coordType:'gcj02'
    }),
    osmNormalMapOp=L.tileLayer(osmNormalMapUrl,{
        subdomains:'abc',
        maxZoom:21,
        minZoom:3,
        opacity:0.6
    }),
    tiandituSatelliteMap=L.tileLayer(tiandituSatelliteMapUrl,{
        subdomains:'01234567',
        maxZoom:21,
        minZoom:3
    }),
```

```
        tiandituSatelliteMapOp=L.tileLayer(tiandituSatelliteMapUrl,{
            subdomains:'01234567',
            maxZoom:21,
            minZoom:3,
            opacity:0.6
        }),
        tiandituAnnotionMap=L.tileLayer(tiandituAnnotionMapUrl,{
            subdomains:'01234567',
            maxZoom:21,
            minZoom:3
        });
    var baseLayers={
        "高德地图":gaodeNormalMap,
        "高德影像":gaodeSatelliteMap,
        "OSM 地图":osmNormalMap,
        "天地图影像":tiandituSatelliteMap,
    };
    var overlayLayers={
        "高德标注":gaodeAnnotionMap,
        "高德地图半透明":gaodeNormalMapOp,
        "高德影像半透明":gaodeSatelliteMapOp,
        "天地图标注":tiandituAnnotionMap,
        "OSM 地图半透明":osmNormalMapOp,
        "天地图影像半透明":tiandituSatelliteMapOp
    };
    //创建地图对象,默认加载高德地图图层
    var map=new L.Map('map',{
        center:[41,115],
        zoom:3,
        layers:[gaodeNormalMap]
    });
    //添加图层控制选项
    L.control.layers(baseLayers,overlayLayers).addTo(map);
    </script>
    </html>
```

运行 HTML 页面,结果如图 4-14 所示。

在图 4-14 所示页面右上方的控制工具中选择“天地图影像”,则地图数据源切换成天地图影像瓦片图层。运行结果如图 4-15 所示。

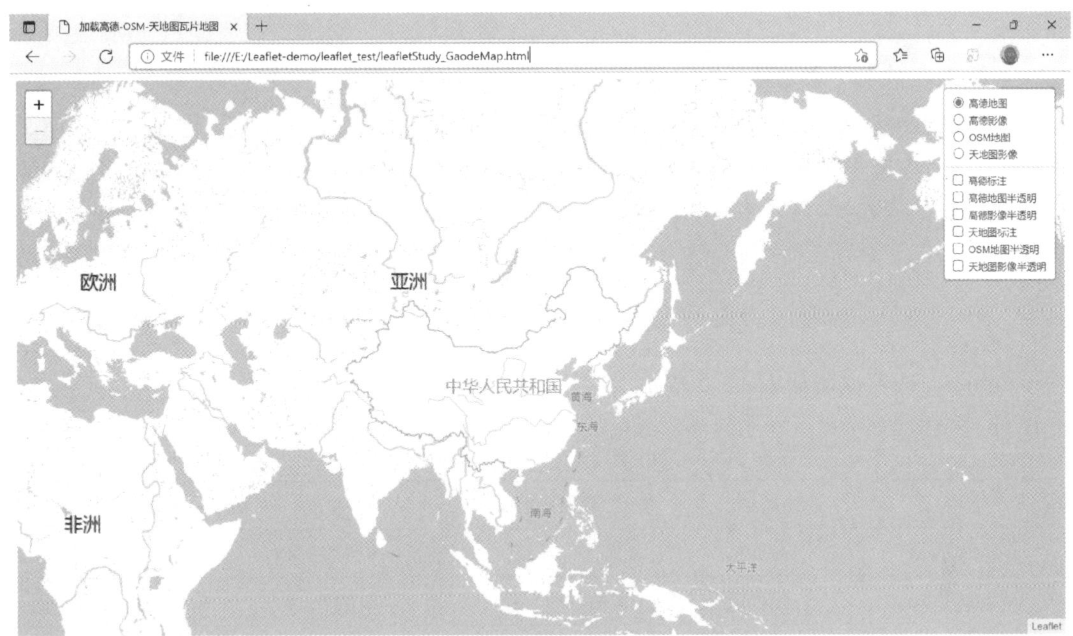

图 4－14　基于 Leaflet 的图层控制功能效果图

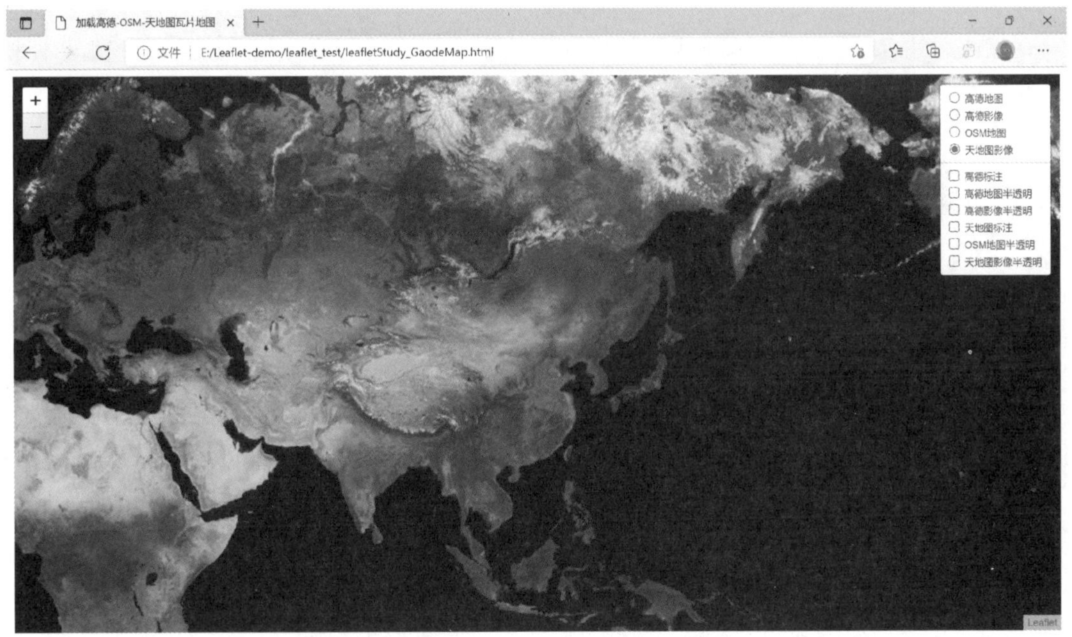

图 4－15　基于 Leaflet 的图层切换功能效果

二、地图交互功能

1. 地图缩放与平移功能

(1)地图缩放(zoom)与平移(pan)是最基本的地图交互功能。Leaflet 提供了一个基本的缩放控件,有两个按钮(放大和缩小)。该控件从 L. control 衍生而来。L. control 是一个实现地图控件的基类,所有 Leaflet 的控件都是从这个类中延伸出来的。缩放控件的构造函数如下所示:

```
L. control. zoom(<Control. Zoom options> options)    //创建一个缩放控件
```

Options 选项说明如表 4-2 所示。

表 4-2　L. control. zoom( )函数的 Options 选项说明

选项	类型	默认值	说明
zoomInText	String	'+'	设置在 'zoom in' 按钮上的文字
zoomInTitle	String	'Zoom in'	设置在 'zoom in' 按钮上的标题
zoomOutText	String	'&# x2212	设置在 'zoom out' 按钮上的文字
zoomOutTitle	String	'Zoom out'	设置在 'zoom out' 按钮上的标题

除此之外,Leaflet 社区有不少插件可以提供交互式的地图平移与缩放功能。截至本书撰写之时,可用的第三方插件如表 4-3 所示。

表 4-3　Leaflet 的第三方插件列表

插件	描述	维护者
Leaflet. Pancontrol	一个简单的平移控件	Kartena
Leaflet. BoxZoom	一个可见的、可点击的控件,用于执行框缩放	Greg Allensworth
L. Control. ZoomBar	Leaflet 原生 Zoom 控件的扩展版本,带有 Home 和 Zoom-to-Area 按钮	Elijah Robison
Leaflet. zoomslider	缩放滑块控件	Kartena
Leaflet. zoominfo	显示当前缩放级别的缩放控件	Flávio Carmo
Leaflet. BorderPan	通过单击地图边框进行平移的 Leaflet 插件	Sebastián Lara
Leaflet GameController	为游戏手柄提供支持的交互处理程序	Antoine Pultier
Leaflet. twofingerZoom	用于触摸设备的交互处理程序,可通过两指轻敲来缩小	Adam Ratcliffe
Leaflet. ZoomBox	轻量级缩放框控件,在要缩放到的区域周围绘制一个框	Brendan Ward
Leaflet LimitZoom	通过限制缩放或插入图块来将可用缩放级别限制为给定列表的插件	Ilya Zverev

续表 4-3

插件	描述	维护者
Leaflet. DoubleRight ClickZoom	启用双击鼠标右键缩小的交互处理程序	Mike O'Toole
Leaflet. ZoomLabel	一个简单的缩放标签控件	Masashi Takeshita
Leaflet. ZoomPanel	Leaflet 的缩放控制面板	Shuhua Huang

下面以 Leaflet. zoomslider 为例，来讲解如何实现通过拖动滑块缩放地图。首先，从 GitHub 页面（https://kartena. github. com/Leaflet. zoomslider/）下载插件的源代码（本书使用的是 Leaflet. zoomslider-0. 7. zip，解压缩该文件后，src 目录下的两个文件即为插件类库，包括 L. Control. Zoomslider. css 和 L. Control. Zoomslider. js）。然后，在 HTML 页面的 head 标记中添加对 Leaflet. zoomslider 插件的引用，示范代码为：

```
<link rel="stylesheet"href=". /leaflet/zoomslider/L. Control. Zoomslider. css"/>
<script src=". /leaflet/zoomslider/L. Control. Zoomslider. js"></script>
```

随后，在 HTML 页面中创建滑块缩放控件对象，示范代码为：

```
var control=new L. Control. Zoomslider();
```

最后，将其添加到地图对象中即可实现对地图的滑块缩放操作。为了演示，将关闭 Leaflet 默认的地图缩放工具，即在创建地图对象时将 zoomControl 属性设置为“false”。示范代码为：

```
var map=new L. Map('map',{
center:[41,115],
zoom:3,
zoomControl:false,
layers:[gaodeNormalMap]
});
map. addControl(control);
```

在图 4-14 所示的 HTML 页面中进行修改，添加滑块缩放控件后的运行结果如图 4-16 所示。在该页面左上方新增了一个纵向滑块，可以通过拖动滑块实现地图的缩放操作。

2. 测量功能

支持用户测量距离或面积通常是 WebGIS 应用必备的功能。Leaflet 社区提供了丰富的插件来实现测量功能。本书撰写时，Leaflet 官方 GitHub 主页列出的插件情况如表 4-4 所示。

实际上，在开源社区中还有不少插件并未完全被官方主页所列出。例如，在中国大陆应用广泛的码云网站（Gitee. com）中也有不少 Leaflet 相关的插件。

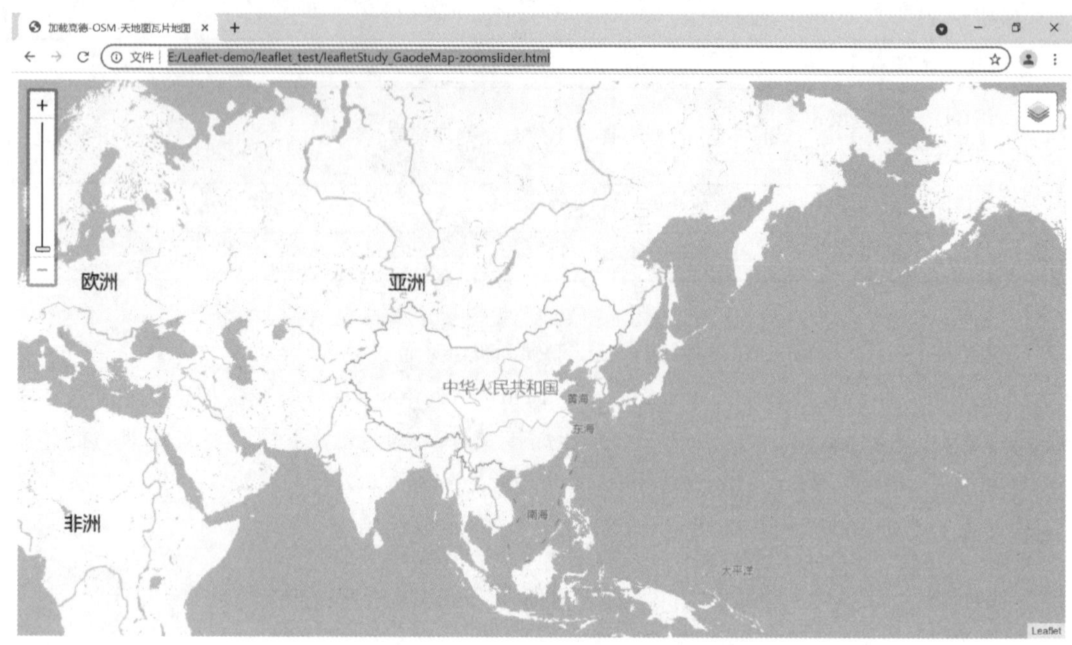

图 4-16　基于 Leaflet 的地图滑块功能效果图

表 4-4　Leaflet 测量插件列表

插件	描述	维护者
Leaflet. PolylineMeasure	测量简单的线和复杂的折线的大圆距离	PPete
Leaflet. MeasureControl	在地图上测量距离的简单工具(依赖于Leaflet. Draw)	Makina Corpus
Leaflet. MeasureAreaControl	测量元素面积的控件	Ondrej Zvara
leaflet - measure	Leaflet 地图的坐标、线和面积测量控件	LJA GIS
leaflet - graphicscale	控制动画的图形比例	Erik Escoffier
Leaflet. ScaleFactor	显示 Leaflet 地图的比例(例如 1：50 000)	Marc Chasse
Leaflet. nauticscale	在 Leaflet 地图上显示 Nauticscale	Johannes Rudolph
Leaflet Measure Path	显示路径上的测量值,目前支持折线、多边形和圆	Per Liedman/Prominent Edge
Leaflet. LinearMeasurement	Leaflet 线性测量插件,可创建沿路径增量测量的折线	New Light Technologies
leaflet - ruler	一个简单的 Leaflet 插件,用于测量真实方位和点击的位置之间的距离	Goker Tanrisever
leaflet - reticle	Leaflet 控件,添加了一个由独立计算的纬度和经度刻度组成的居中标线	rwev

接下来，以 Leaflet. PolylineMeasure 和 Leaflet. Measure(Gitee 上的插件)为例，来介绍实现在地图上测量距离和面积等功能。首先，从 GitHub 页面(https://github. com/ppete2/Leaflet. PolylineMeasure)下载插件的源代码(解压缩下载的文件 Leaflet. PolylineMeasure - master. zip 后，目录下的两个文件即为插件类库，包括 Leaflet. PolylineMeasure. css 和 Leaflet. PolylineMeasure. js)。然后，在 HTML 页面的 head 标记中添加对 Leaflet. PolylineMeasure 插件的引用。示范代码为：

```
<link rel="stylesheet"href=". /leaflet/polylinemeasure/Leaflet. PolylineMeasure. css"/>
<script src=". /leaflet/polylinemeasure/Leaflet. PolylineMeasure. js"></script>
```

随后，在 HTML 页面中创建距离测量工具。示范代码为：

```
var polylineMeasure=L. control. polylineMeasure ({position:'topleft',unit:'kilometres',showBearings:true,clearMeasurementsOnStop:false,showClearControl:true,showUnitControl:true})。
```

其中，polylineMeasure()函数接受 1 个参数，可以设置工具的各类参数，例如位置、测量单位等。

最后，将控件添加到地图对象中即可实现对地图的滑块缩放操作。示范代码为：

```
polylineMeasure. addTo (map);
```

在图 4 - 14 所示的 HTML 页面中进行修改，添加距离测量工具后的运行结果如图 4 - 17 所示。在该页面左上方新增了 1 个工具，该工具包含 3 个图标。点击箭头式样的图标，即可进入测距模式。通过鼠标在地图上选择测距起止点来实现地图的测距操作。如图 4 - 17 所示，从地图上“欧洲”标签位置到“中华人民共和国”标签位置的地理距离约为 7162km。

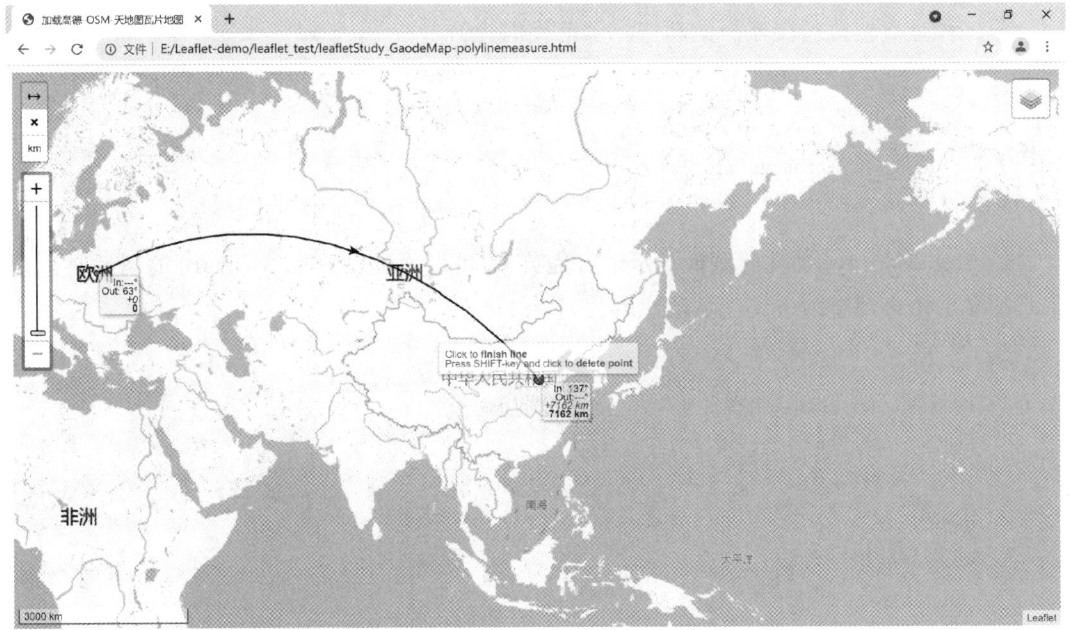

图 4 - 17　基于 Leaflet. PolylineMeasure 的测距功能效果图

事实上距离和面积测量功能也可以使用Leaflet.Measure插件来实现。该插件的下载地址为https://gitee.com/ptma/Leaflet.Measure。插件使用的流程与前文所述的插件都类似。以离线引用为例，首先，从Gitee网站页面中下载Leaflet.Measure插件的css和js文件到本地，在HTML页面的<head>标记中引入css和js文件。接着，在HTML页面中创建测量控件。最后，将控件添加到Map对象，即可实现在地图中的距离和面积交互测量功能。利用Leaflet.Measure插件，实现测量功能的方式有两种。

第一种仍然是添加控件的方式。示范代码为：

```
var measureTool=new L.control.measure({position:'bottomleft',title:'测量工具',collapsed:true});
measureTool.addTo(map);
```

L.control.measure()函数的参数用来设置控件的选项，可以设置4个选项，各选项的含义如表4-5所示。

表4-5 L.control.measure()函数的参数

选项	类型	默认值	描述
position	String	'topleft'	控件位置
title	String	'Legend'	控件面板的标题
collapsed	Boolean	false	面板是否默认展开
color	String	'#FF0080'	测量线条的颜色

第二种是直接执行交互测量动作。示范代码为：

```
var measureAction=new L.MeasureAction(map,{
    model:"distance",// 'area' or 'distance',default is 'distance'});
// measureAction.setModel('area');
measureAction.enable();
```

Leaflet.Measure插件的默认显示语言为英文，可以通过设置L.Measure的属性将测量工具的显示语言调整为中文。示范代码为：

```
L.Measure={
    linearMeasurement:"距离测量",
    areaMeasurement:"面积测量",
    start:"开始",
    meter:"米",
    kilometer:"千米",
    squareMeter:"平方米",
    squareKilometers:"平方千米",
};
```

完整版的 HTML 页面代码为：

```
<! DOCTYPE html>
<html>
<head>
    <title>加载高德-OSM-天地图瓦片地图</title>
    <meta charset="utf-8"/>
    <link rel="stylesheet"href="https://unpkg.com/leaflet@1.7.1/dist/leaflet.css"/>
    <link rel="stylesheet"href="./leaflet/zoomslider/L.Control.Zoomslider.css"/>
    <link rel="stylesheet"href="./leaflet/polylinemeasure/Leaflet.PolylineMeasure.css"/>
    <link rel="stylesheet"href="./Leaflet.Measure-master/src/leaflet.measure.css"/>
    <script src="https://unpkg.com/leaflet@1.7.1/dist/leaflet.js"></script>
    <script src="https://cdn.bootcss.com/proj4js/2.4.3/proj4.js"></script>
    <script src="https://cdn.bootcss.com/proj4leaflet/1.0.1/proj4leaflet.min.js"></script>
    <script src="./leaflet/zoomslider/L.Control.Zoomslider.js"></script>
    <script src="./leaflet/polylinemeasure/Leaflet.PolylineMeasure.js"></script>
    <script src="./Leaflet.Measure-master/src/leaflet.measure.js"></script>
    <style>
    #map { height:650px;}
    </style>
</head>
<body>
    <div id="map"></div>
</body>
<script>
//定义天地图访问密钥
var tiandituKey='44964a97***********594467';
//定义各类地图服务访问 URL
var gaodeNormalMapUrl = 'http://webrd0{s}.is.autonavi.com/appmaptile? lang = zh_cn&size =
1&scale=1&style=8&x={x}&y={y}&z={z}',
    gaodeSatelliteMapUrl='http://webst0{s}.is.autonavi.com/appmaptile? style=6&x={x}&y=
    {y}&z={z}',
    gaodeAnnotionMapUrl='http://webst0{s}.is.autonavi.com/appmaptile? style=8&x={x}&y=
    {y}&z={z}',
    osmNormalMapUrl='https://{s}.tile.osm.org/{z}/{x}/{y}.png',
    tiandituSatelliteMapUrl='http://t{s}.tianditu.gov.cn/DataServer? T=img_w&X={x}&Y=
    {y}&L={z}&tk='+tiandituKey,
    tiandituAnnotionMapUrl='http://t{s}.tianditu.gov.cn/DataServer? T=cia_w&X={x}&Y=
    {y}&L={z}&tk='+tiandituKey;
//利用 L.tileLayer()创建各类地图服务对应的瓦片图层
var gaodeNormalMap=L.tileLayer(gaodeNormalMapUrl,{
```

```
        subdomains:'1234',
        maxZoom:21,
        minZoom:3,
        coordType:'gcj02'
    }),
    gaodeNormalMapOp=L.tileLayer(gaodeNormalMapUrl,{
        subdomains:'1234',
        maxZoom:21,
        minZoom:3,
        opacity:0.6,
        coordType:'gcj02'
    }),
    gaodeSatelliteMap=L.tileLayer(gaodeSatelliteMapUrl,{
        subdomains:'1234',
        maxZoom:21,
        minZoom:3,
        coordType:'gcj02'
    }),
    gaodeSatelliteMapOp=L.tileLayer(gaodeSatelliteMapUrl,{
        subdomains:'1234',
        maxZoom:21,
        minZoom:3,
        opacity:0.6,
        coordType:'gcj02'
    }),
    gaodeAnnotionMap=L.tileLayer(gaodeAnnotionMapUrl,{
        subdomains:'1234',
        maxZoom:21,
        minZoom:3,
        coordType:'gcj02'
    }),
    osmNormalMap=L.tileLayer(osmNormalMapUrl,{
        subdomains:'abc',
        maxZoom:21,
        minZoom:3,
        coordType:'gcj02'
    }),
    osmNormalMapOp=L.tileLayer(osmNormalMapUrl,{
        subdomains:'abc',
```

```
            maxZoom:21,
            minZoom:3,
            opacity:0.6
        }),
        tiandituSatelliteMap=L.tileLayer(tiandituSatelliteMapUrl,{
            subdomains:'01234567',
            maxZoom:21,
            minZoom:3
        }),
        tiandituSatelliteMapOp=L.tileLayer(tiandituSatelliteMapUrl,{
            subdomains:'01234567',
            maxZoom:21,
            minZoom:3,
            opacity:0.6
        }),
        tiandituAnnotionMap=L.tileLayer(tiandituAnnotionMapUrl,{
            subdomains:'01234567',
            maxZoom:21,
            minZoom:3
        });
    var baseLayers={
        "高德地图":gaodeNormalMap,
        "高德影像":gaodeSatelliteMap,
        "OSM 地图":osmNormalMap,
        "天地图影像":tiandituSatelliteMap,
    };
    var overlayLayers={
        "高德标注":gaodeAnnotionMap,
        "高德地图半透明":gaodeNormalMapOp,
        "高德影像半透明":gaodeSatelliteMapOp,
        "天地图标注":tiandituAnnotionMap,
        "OSM 地图半透明":osmNormalMapOp,
        "天地图影像半透明":tiandituSatelliteMapOp
    };
    //创建地图对象,默认加载高德地图图层
    var map=new L.Map('map',{
        center:[41,115],
        zoom:3,
        zoomControl:false,
        layers:[gaodeNormalMap]
```

```
});
//创建比例尺 scalebar
L.control.scale({maxWidth:240,metric:true,imperial:false,position:'bottomleft'}).addTo (map);
//创建距离测量工具 polylineMeasure
var polylineMeasure=L.control.polylineMeasure ({position:'topleft',unit:'kilometres',showBearings:
true,clearMeasurementsOnStop:false,showClearControl:true,showUnitControl:true})
polylineMeasure.addTo(map);
//创建滑块地图缩放工具
var control=new L.Control.Zoomslider();
map.addControl(control);
//创建测量工具
var measureTool=new L.control.measure({position:'bottomleft',title:'测量工具',collapsed:true})
//对测量工具标签进行汉化
L.Measure={
    linearMeasurement:"距离测量",
    areaMeasurement:"面积测量",
    start:"开始",
    meter:"米",
    kilometer:"千米",
    squareMeter:"平方米",
    squareKilometers:"平方千米",
};
//添加测量工具到地图
measureTool.addTo(map);
//添加图层控制选项到地图
L.control.layers(baseLayers,overlayLayers).addTo(map);
</script>
</html>
```

3. 地图查询功能

Leaflet 官方网站的 GitHub 主页列出的地图插件情况如表 4-6 所示。

表 4-6　Leaflet 官方网站的 GitHub 主页列出的地图插件

插件	描述	维护者
leaflet-fusesearch	使用轻量级模糊搜索 Fuse.js 提供的面板在 GeoJSON 层中搜索要素的控件	Antoine Riche
Leaflet Search	通过 LayerGroup/GeoJSON 中的自定义属性控制搜索标记/特征位置。支持 AJAX/JSONP、自动完成和第三方服务	Stefano Cudini

续表 4-6

插件	描述	维护者
leaflet - custom - searchbox	一个谷歌地图风格的搜索框，其中包括一个侧面板滑块控件	A. D
Leaflet. Rrose	一个针对边缘案例的 Leaflet 插件，当用户希望在鼠标悬停时弹出窗口而不是单击时使用，并且用户需要在靠近地图边缘时重新定位弹出提示	Eric Theise
Leaflet. utfgrid	为 Leaflet 提供了一个占用空间非常小的 utfgrid 交互处理程序	Dave Leaver
Leaflet. RevealOSM	非常简单但可扩展的 Leaflet 插件，用于在地图点击时显示 OSM POI 数据	Yohan Boniface
Leaflet Underneath	使用 Mapbox 矢量瓦片数据查找某个地点附近的有趣要素(feature)，并在速度和带宽有限的情况下为瓦片层添加互动功能	Per Liedman
Leaflet. GeoJSONAutocomplete	使用 GeoJSON 服务自动进行远程搜索的 Leaflet 插件	Yunus Emre Özkaya
L. tagFilterButton	通过标签过滤 Leaflet 标记	Mehmet Aydemir
Leaflet - gplaces - autocomplete	在地图中添加谷歌地点搜索	Michal Haták
leaflet - responsive - popup	无需移动地图即可看到弹出窗口的内容	YaFred
leaflet - popup - modifier	允许用户编辑弹出窗口的内容，或使用弹出窗口删除其源标记	Slutske22

接下来，利用 Leaflet 插件 leaflet - custom - searchbox 实现为地图应用添加 Google 风格的地图搜索框。功能实现的流程与前文类似，仍然遵循引入插件→创建控件→添加控件到地图对象的流程。示范代码如下：

```
<! DOCTYPE html>
<html>
<head>
    <title>Leaflet GeoJSON Example</title>
    <meta charset="utf - 8"/>
    <script src="https://code. jquery. com/jquery - 1. 12. 1. min. js"></script>
    <script src="https://cdnjs. cloudflare. com/ajax/libs/leaflet/1. 0. 2/leaflet. js"></script>
    <script src="https://code. jquery. com/ui/1. 8. 24/jquery - ui. min. js"></script>
    <link href="https://cdnjs. cloudflare. com/ajax/libs/leaflet/1. 0. 2/leaflet. css"rel="stylesheet"/>
    <script src=". . /dist/leaflet. customsearchbox. min. js"></script>
    <link href=". . /dist/searchbox. min. css"rel="stylesheet"/>
    <script>
```

```
$(document).ready(function (){
    var map=L.map('map').setView([51.505,-0.09],5);
    map.zoomControl.setPosition('topright');
    map.addLayer(new L.TileLayer('http://{s}.tile.openstreetmap.org/{z}/{x}/{y}.png',
        {attribution:'Map data © <a href="http://openstreetmap.org">OpenStreetMap</a
        > contributors'}
        ));
    var searchboxControl=createSearchboxControl();
    var control=new searchboxControl({
        sidebarTitleText:'Header',
        sidebarMenuItems:{
            Items:[
                { type:"link",name:"Link 1 (github.com)",href:"http://github.com",
                icon:"icon-local-carwash"},
                { type:"link",name:"Link 2 (google.com)",href:"http://google.com",
                icon:"icon-cloudy"},
                { type:"button",name:"Button 1",onclick:"alert('button 1 clicked !')",
                icon:"icon-potrait"},
                { type:"button",name:"Button 2",onclick:"button2_click();",icon:"icon
                -local-dining"},
                { type:"link",name:"Link 3 (stackoverflow.com)",href:'http://stackover-
                flow.com',icon:"icon-bike"},
            ]
        }
    });
    control._searchfunctionCallBack=function (searchkeywords)
    {
        if (! searchkeywords){
            searchkeywords="The search call back is clicked !!"
        }
        alert(searchkeywords);
    }
    map.addControl(control);
});

function button2_click()
{
    alert('button 2 clicked !!! ');
}
</script>
```

```
</head>
<body style="top:0;left:0;right:0;bottom:0;position:absolute">
    <div id="map"  style="width:100%;height:100%"></div>
</body>
</html>
```

4. 叠加矢量要素功能

矢量要素是 WebGIS 应用开发中的常见功能。本案例的目的是在 Leaflet 中实现中国各省(自治区、直辖市)行政区划矢量要素(包含 2020 年中国第七次人口普查数据)的叠加功能。程序的实现思路如下。

(1)需要采集中国各省、自治区、直辖市的行政边界矢量数据。为了简化操作,本书直接从阿里云数据可视化平台网站下载 GeoJSON 格式的数据,阿里云数据可视化平台网站地址为 http://datav.aliyun.com/portal/school/atlas/area_selector。该页面中有提示信息如下:"本页面数据来源于高德开放平台,该版本数据更新于 2021.5,仅供学习交流使用。"值得注意的是,本书使用该数据主要用于教学目的,不是中国国界线的权威表述。如需准确表述中国国界线,最规范的方式是使用带有审图号的中国标准地图进行矢量化处理。阿里云数据可视化平台网站的界面如图 4-18 所示。

图 4-18　阿里云数据可视化平台网站的界面

(2)从国家及各省(自治区、直辖市)统计局网站采集第七次人口普查数据。编辑 GeoJSON 数据,为各个地理单元添加一个字段"pop",录入各个行政区划单元的人口普查数据。创建一个独立的 js 文件(json_pop.js),内容的形式如下:

```
var getFeatures=function(){
    var featureJson={
        "type":"FeatureCollection",
        "name":"province_pop",
        "crs":{ "type":"name","properties":{ "name":"urn:ogc:def:crs:OGC:1.3:CRS84"} },
        "features":[
        { "type":"Feature","properties":{ "code":110000,"name":"北京","pop":21893095 },"geometry":{ "type":"Polygon","coordinates":[ [ [ 116.41694,39.50777 ],[ 116.42289,39.49662 ],[ 116.41935,39.4957 ],[ 116.41113,39.48405 ],[ 116.42427,39.48977 ],…}
```

(3)在 HTML 页面中，引入 Leaflet 类库文件，创建装载地图的容器 div，然后在 js 代码中，实现专题图渲染功能。完整的程序示范代码为：

```
<! DOCTYPE html>
<html>
<head>
    <title>第七次人口普查数据</title>
    <meta charset="utf-8"/>
    <meta name="viewport"content="width=device-width,initial-scale=1.0">
    <link rel="shortcut icon"type="image/x-icon"href="docs/images/favicon.ico"/>
    <link rel="stylesheet"href="https://unpkg.com/leaflet@1.7.1/dist/leaflet.css"integrity=
    "sha512-xod ZBNTC5n17Xt2atTPuE1HxjVMSvLVW9ocqUKLsCC5CXdbqCmblAshOMAS6/
    keqq/sMZMZ
19scR4PsZChSR7A=="crossorigin=""/>
    <script src="https://unpkg.com/leaflet@1.7.1/dist/leaflet.js"
integrity=" sha512-XQoYMqMTK8LvdxXYG3nZ448hOEQiglfqkJs1NOQV44cWnUrBc8PkAOcXy
20w0vlaXaVUearIOBhiXZ5V3ynxwA=="crossorigin=""></script>
    <style>
        html,body {
            height:100%;
            margin:0;
        }
        #map {
            width:100%;
            height:100%;
        }
    </style>
</head>
<body>
<div id='map'></div>
<script src="json_pop.js"type="text/javascript"></script>
```

```
<script>
    var map=L.map('map').setView([35.719192,112.273486],3);
L.tileLayer('http://webrd01.is.autonavi.com/appmaptile?x={x}&y={y}&z={z}&lang=zh_cn&size=1&scale=1&style=8',
    {
        maxZoom:24,
    }).addTo(map);
    //获取 GeoJSON 中的矢量要素
    var polygons=getFeatures();
    //定义色带
    var colors=['#000000','#001133','#002266','#003399','#0044cc','#0055ff','#3377ff',
    '#6699ff','#99bbff','#ccddff','#ffffff'];
    //利用色带,根据 pop 字段值进行专题图渲染,并将该图层添加到地图中
    L.GeoJSON([polygons],{style:function(feature){
            return {
        weight:0,
        fillColor:colors[10 - Math.round(feature.properties.pop/10000000)],
        fillOpacity:0.8
      }
    },onEachFeature:onEachFeature}).addTo(map);
    //为矢量要素添加弹窗信息绑定
    function onEachFeature(feature,layer){
            if(feature.properties.name && feature.properties.pop){
                    popupContent=feature.properties.name+'为:'+feature.properties.pop;
                            layer.bindPopup(popupContent);}
    }
</script>
</body>
</html>
```

运行页面后的效果如图 4－19 所示(鼠标点击某个行政区划单元,在弹窗中显示该单元的第七次人口普查数据)。

5. 范围分段专题图绘制功能

在 Leaflet 中绘制专题图时,一般采取叠加矢量要素的形式来实现。上一小节的案例已经示范了如何叠加矢量要素,本案例主要实现范围分段专题图(基于模拟数据)。程序的实现思路如下。

(1)仍然需要采集中国各省(自治区、直辖市)的行政边界矢量数据。为了简化操作,本案例直接引用从阿里云数据可视化平台网站提供的 GeoJSON 数据,数据下载地址为 https://geo.datav.aliyun.com/areas_v3/bound/100000_full.json。属性数据通过程序模拟生成。100000_full.json 的内容如图 4－20 所示。

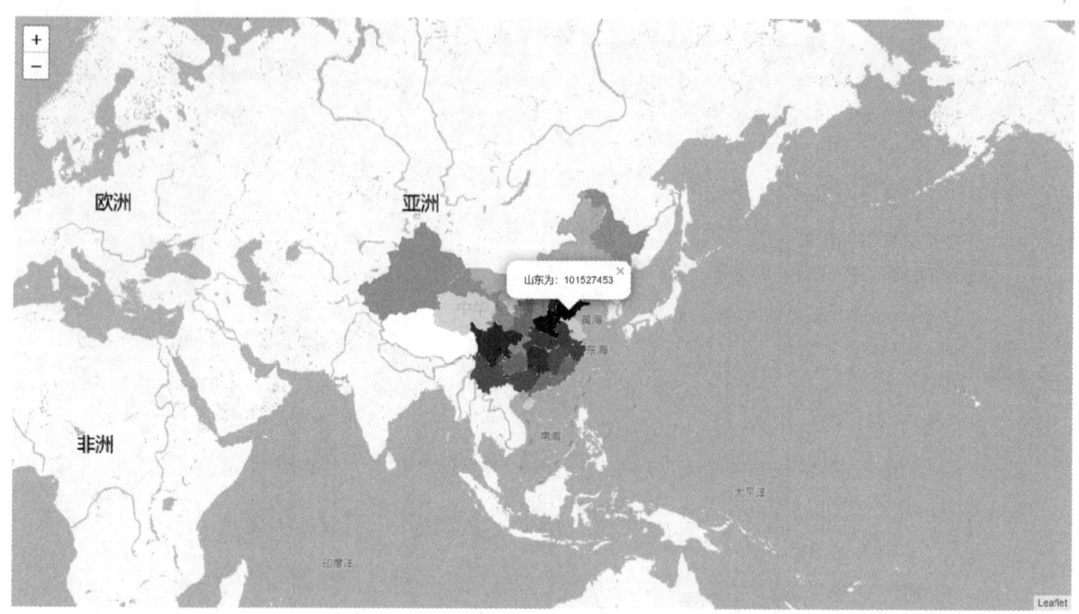

图 4－19 基于 Leaflet 的矢量要素叠加功能

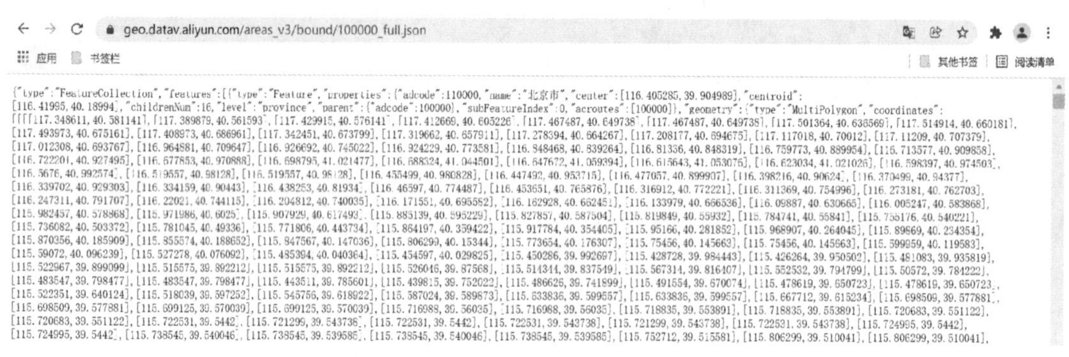

图 4－20 100000_full.json 的内容

（2）在 head 标记中引入案例功能实现需要的类库：leaflet、axios。axios 是一个基于 Promise 用于浏览器和 Node.js 的 HTTP 客户端，它本身具有以下特征：从浏览器中创建 XMLHttpRequest、从 Node.js 发出 http 请求、支持 Promise API、拦截请求和响应、转换请求和响应数据、取消请求、自动转换 GeoJSON 数据。示范代码为：

```
<script src="https://cdn.bootcdn.net/ajax/libs/axios/0.21.1/axios.min.js"></script>
<link href="https://cdn.bootcdn.net/ajax/libs/leaflet/1.7.1/leaflet.min.css"rel="stylesheet">
<script src="https://cdn.bootcdn.net/ajax/libs/leaflet/1.7.1/leaflet.min.js"></script>
```

(3)首先创建装载地图、图例的容器；然后在 js 代码中，实现分层设色专题图渲染功能。严格意义上的地图基本要素还应该包括指北针、比例尺等。这些要素都可以利用 Leaflet 的插件来实现。操作过程与前文类似。本小节重点介绍对矢量要素的渲染功能，故暂不涉及指北针、比例尺等地图要素的添加。完整的程序代码为：

```
<! DOCTYPE html>
<html lang="en">
<head>
  <meta charset="UTF-8">
  <meta http-equiv="X-UA-Compatible"content="IE=edge">
  <meta name="viewport"content="width=device-width,initial-scale=1.0">
  <title>leaflet 分层渲染</title>
  <script src="https://cdn.bootcdn.net/ajax/libs/axios/0.21.1/axios.min.js"></script>
  <link href="https://cdn.bootcdn.net/ajax/libs/leaflet/1.7.1/leaflet.min.css"rel="stylesheet">
  <script src="https://cdn.bootcdn.net/ajax/libs/leaflet/1.7.1/leaflet.min.js"></script>
  <style>
    body{
      width:calc(100vw);
      height:calc(100vh);
      padding:0;
      margin:0;
    }
    .map{
      width:100%;
      height:100%;
      background-color:#fff;
    }
    .legend{
      position:absolute;
      right:20px;
      bottom:20px;
      z-index:999;
    }
    .legend ul li{
      padding:0;
      margin:0;
      list-style:none;
      display:flex;
      align-items:center;
      margin-bottom:5px;
    }
```

```
    .legend ul li i{
      display:inline-block;
      width:20px;
      height:20px;
      border-radius:50%;
      margin-right:5px;
    }
  </style>
</head>
<body onload="init()">
  <div id="map"class="map"></div>
  <div class="legend"></div>
</body>
<script>
  let map;
  let separatedColors=['#DAF7A6','#FFC300','#FF5733','#C70039','#900C3F','#581845'];//离
  散颜色
  let minVal=1;
  let maxVal=100;
  function init(){
    initMap();
    initLegend();
  }
  function initMap(){
    map=L.map('map',{
      crs:L.CRS.EPSG4326,
      center:[40.83,113.31],
      zoom:3,
      zoomControl:true
    });
    let vecUrl='http://t0.tianditu.gov.cn/DataServer? T=vec_c&X={x}&Y={y}&L={z}&tk=
    c04e7575a1f250c6f22ba42fa9c8aa63';
    let baseLayer=L.tileLayer(vecUrl,{zoomOffset:1});
    map.addLayer(baseLayer)
    let url='https://geo.datav.aliyun.com/areas_v3/bound/100000_full.json';
    axios.get(url).then(res=> {
      let GeoJSON=res.data;
      L.GeoJSON(GeoJSON,{
        onEachFeature:function(feature,layer){
```

```
            //生成 1-100 的随机整数,作为每个要素的某一专题属性值
            feature.properties.value=random(1,100);
            feature.properties.color=getSeparatedColorByVal(minVal,maxVal,separatedColors,fea-
            ture.properties.value);
            layer.setStyle({
                stroke:false,//取消边框
                color:feature.properties.color,
                fillOpacity:0.6//默认 0.2
            });
        }
    }).addTo(map);
  });
}
//初始化图例
function initLegend(){
  let legend=getLegend(minVal,maxVal,separatedColors);
  let legendDom=document.getElementsByClassName('legend')[0];
  let insertDom=document.createElement('ul');
  let str='';
  for(let i=0;i<legend.length;i++){
    str+='<li><i style="background:${legend[i].color}"></i>${legend[i].region.join('-
    ')}</li>';
  }
  insertDom.innerHTML=str;
  legendDom.appendChild(insertDom);
}
//生成指定范围的随机整数
function random(min,max){
  return Math.floor(Math.random()*(max-min))+min;
}
//根据离散颜色及数据范围生成对应值的颜色
function getSeparatedColorByVal(minVal,maxVal,colors,val){
  let length=colors.length;
  let avg=((maxVal-minVal)/length).toFixed(4);
  //生成等分区间
  let regions=[];
  for(let i=0;i<length;i++){
    if(i===length-1){
      regions.push([(minVal+avg*i),maxVal]);
```

```
      }else{
        regions.push([(minVal+avg * i),(minVal+avg * (i+1))]);
      }
    }
    //返回对应值颜色
    for(let i=0;i < regions.length;i++){
      if(val >=regions[i][0] && val <=regions[i][1]){
        return colors[i];
      }
    }
  }
  //生成图例
  function getLegend(minVal,maxVal,colors){
    let length=colors.length;
    let avg=((maxVal - minVal)/length).toFixed(4);
    //生成等分区间
    let regions=[];
    for(let i=0;i < length;i++){
      if(i===length - 1){
        regions.push([(minVal+avg * i).toFixed(2),maxVal.toFixed(2)]);
      }else{
        regions.push([(minVal+avg * i).toFixed(2),(minVal+avg * (i+1)).toFixed(2)]);
      }
    }
    let legend=[];
    for(let i=0;i< length;i++){
      legend.push({
        color:colors[i],
        region:regions[i]
      });
    }
    return legend;
  }
  //根据数值范围、颜色范围(16进制类型),获取数值范围中某一数值对应颜色范围中的颜色
  //颜色要求:选择相邻色系
  function getContinuationColorByVal(minVal,maxVal,firstColor,secondColor,val){
    let ratio=(val - minVal)/(maxVal - minVal);
    let fArr=hex2RgbArr(firstColor);
    let sArr=hex2RgbArr(secondColor);
```

```
    let color=[];
    for(let i=0;i < fArr.length;i++){
        let c=(fArr[i]<sArr[i]? fArr[i]:sArr[i])+Math.abs(((sArr[i]- fArr[i]) * ratio).toFixed(0));
        color.push(c);
    }
    return rgbArr2Hex(color);
}
//16 进制颜色转 rgb 颜色数组
function hex2RgbArr(hex){
    // 16 进制颜色值的正则表达式
    var reg=/^#([0-9a-fA-f]{3}|[0-9a-fA-f]{6})$/;
    //把颜色值变成小写
    var color=hex.toLowerCase();
    if(reg.test(color)){
        //如果只有三位的值,需变成六位,如:#fff=>#ffffff
        if(color.length===4){
            var colorNew='#';
            for(var i=1;i < 4;i+=1){
                colorNew+=color.slice(i,i+1).concat(color.slice(i,i+1));
            }
            color=colorNew;
        }
        //处理六位的颜色值,转为 RGB
        var colorChange=[];
        for(var i=1;i < 7;i+=2){
            colorChange.push(parseInt('0x'+color.slice(i,i+2)));
        }
        return colorChange;
    }
}
//RGB 颜色数组[255,255,255]转 16 进制颜色 #ffffff
function rgbArr2Hex(rgbArr){
    let strHex='#';
    //转成 16 进制
    for(var i=0;i < rgbArr.length;i++){
        let hex=Number(rgbArr[i]).toString(16);
        hex=hex.length==1 ? '0'+hex :hex;
        strHex+=hex;
    }
```

```
        return strHex;
    }
</script>
</html>
```

运行页面后的效果如图 4-21 所示。

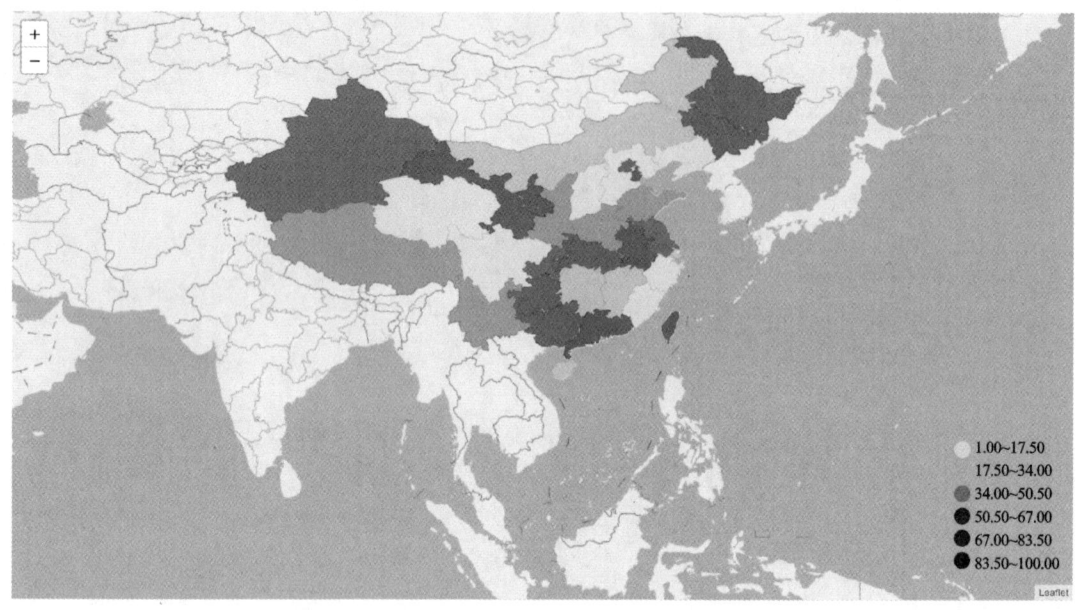

图 4-21　基于 Leaflet 的范围分段专题图

第四节　本章小结

本章重点介绍了如何利用 Leaflet 和 MapBox 进行轻量级 WebGIS 应用开发，尤其是 GIS 数据渲染的功能应用场景。研究 Leaflet.js 软件包可以发现，虽然 Leaflet.js 源代码体积小，核心功能精简，但是其最大的优势在于插件自定义开发和扩展开发。因为自项目之初，Leaflet 的目的就是尽可能轻巧，并着重于一组核心功能，而扩展其功能的一种简单方法是使用第三方插件。感谢无数志愿者贡献了数百个不错的插件，使得 Leaflet 形成了一个相对蓬勃的开源社区。通常情况下，Leaflet 完全可以满足 WebGIS 的应用需求。

在地图可视化中，我们往往会用到一些地图基本使用以外的功能，如热力图、轨迹展示、要素聚合等。此外，除了功能性的需要以外，我们还要在基本的地图元素上面增加可视化效果，让它看起来像一个地图可视化，而非一个普普通通的地图展示。为了实现复杂的效果，既不让效果之间互相影响，又能够动态、关联地进行切换，需要充分利用 Leaflet 的两个功能：LayerGroup 和 pane。万物皆是 layer，是 Leaflet 的一个核心理念。即便一个 marker，一个 polygon,都属于 layer。我们需要根据自己的想法,把 layer 用 LayerGroup 组织起来,然后决定动态切换 LayerGroup 是否放在 map 上。何为 LayerGroup? LayerGroup 是一个能够容纳其他 layer 的高级 layer。所以 LayerGroup 本质也是一个 layer。另外需要明确的是,Leaflet 上的 layer 具体会对应 DOM 上的哪个位置其实不是 LayerGroup 决定的。LayerGroup 就像一个虚拟的容纳器,可以方便地管理 Group 里的 layer,但无法从 DOM 中找到一个 LayerGroup。Leaflet 元素在 DOM 中实际布局的位置,就是所谓的 pane。Leaflet 有一些默认的 pane,如 tile、overlay、shadow、marker、tooltip、popup 等。大多数元素都会自动加入到默认的 pane 里面,通常情况下不需要改变这一点。

如果涉及的 WebGIS 应用功能包括编辑功能,则应优先考虑社区提供的第三方插件,如 Leaflet. draw、Leaflet. geoman 和 Leaflet. Editable。具体内容可以参考各个插件的主页。根据"葱爆 GIS—刘博方 GIS 博客"(https://liubf. com)的观点,上述插件拥有较好的用户体验,一般不需要开发者进行深度的二次开发,只需了解插件 API 即可,难度适中,但是主要适用于小数据量场景,在数据量大的编辑效果下体验较差,可能会出现浏览器崩溃的情况。有兴趣的读者可以自行实践予以求证。

第五章　基于 OpenLayers 的 WebGIS 应用开发

第一节　应用软件简介

OpenLayers 是一个开源的 Javascript 库(基于修改过的 BSD 许可发布),用来在 Web 浏览器显示地图。OpenLayers 的特点包括以下 8 个方面。

(1)支持瓦片图层:OpenLayers 支持从 OSM、Bing、Mapbox、Stamen 和其他任何能找到的 XYZ 瓦片资源中提取地图瓦片并在前端展示,同时也支持 OGC 的 WMTS 规范的瓦片服务以及 ArcGIS 规范的瓦片服务。

(2)支持矢量切片(或者矢量瓦片):OpenLayers 支持矢量切片的访问和展示,包括 Mapbox 矢量切片中的 pbf 格式,或者 GeoJSON 格式和 TopoJSON 格式的矢量切片。

(3)支持矢量图层:能够渲染 GeoJSON、TopoJSON、KML、GML 和其他格式的矢量数据,上面说的矢量切片形式的数据也可以被认为是在矢量图层中渲染。

(4)支持 OGC 规范:OpenLayers 支持 OGC 制定的 WMS、WFS 等 GIS 网络服务规范。

(5)运用前沿技术:利用 Canvas 2D、WebGL 以及 HTML5 中最新的技术来构建功能,同时支持在移动设备上运行。

(6)易于定制和扩展:可以直接调整 css 来为地图控件设计样式,而且可以对接到不同层级的 API 进行功能扩展,或者使用第三方库来定制和扩展。

(7)基于面向对象的思想:最新版本的 OpenLayers 采用纯面向对象的 ECMA Script 6 进行开发,可以说在 OpenLayers 中万物皆对象。

(8)优秀的交互体验:OpenLayers 实现了类似于 Ajax 的无刷新功能,可以结合很多优秀的 JavaScript 功能插件,带给用户更多丰富的交互体验。

目前 OpenLayers 已经成为一个拥有众多开发者和帮助社区的成熟、流行的框架。截至 2021 年 12 月 31 日,OpenLayers 的最新稳定版本为 6.10.0,遵守 FreeBSD 许可协议。项目主页网址为 https://openlayers.org/。OpenLayers 可以通过多种协议进行通信,与其他应用的交互示意图如图 5－1 所示。

OpenLayers 类库中设计并实现了上百个类,用于对 GIS 中的各种事物进行抽象表达。其中,Map、Layer、Source 和 View 是 OpenLayers 框架体系中的核心类,几乎所有的动作都围绕这几个核心类展开,以实现地图加载及进行相关操作。在 OpenLayers 的体系框架中,把整个地图看作一个容器(Map),核心为地图图层(Layer),每个图层有对应的数据源(Source),并由地图视图(View)控制地图表现。地图容器上还支持一些与用户交互的控件

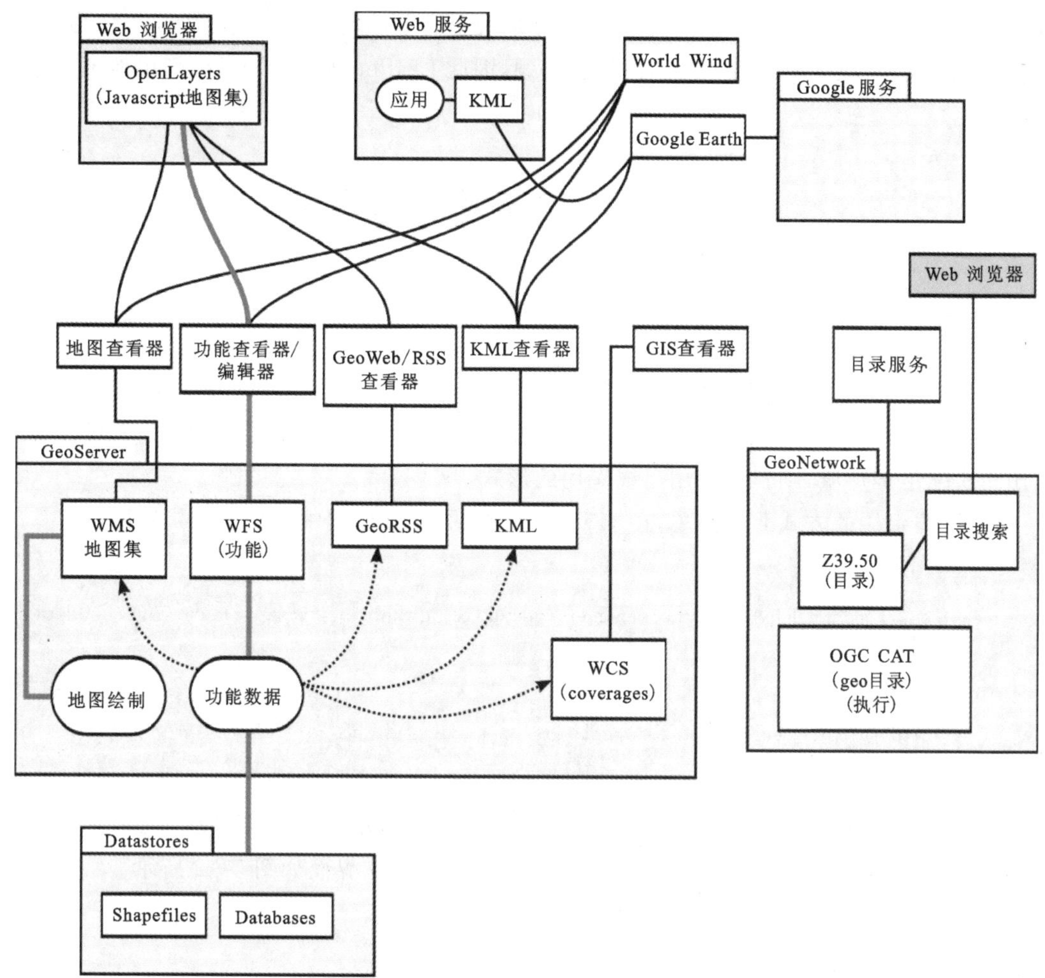

图 5－1　OpenLayers 与其他应用的交互示意图

(Control 和 Interaction)，另外，OpenLayers 还支持事件机制。用户和地图的交互事件主要包括以下几类：地图事件类(ol. MapEvent)，如 moveend、postrender 事件；地图浏览器事件类(ol. MapBrowserEvent)，如 singleclick、click、dbclick 事件等；对象事件类(ol. Object. Event)，如 change、propertychange 事件；选择控件事件类(ol. interaction. Select. Event)，如 select 事件；绘制控件事件类(ol. interaction. Draw. Event)，如 drawstart、drawend 事件；修改控件事件类(ol. interaction. Modify. Event)，如 modifystart、modiftend 事件；集合事件类(ol. Collection. Event)，如 add、remove 事件。针对各类事件，OpenLayers 提供了 on 与 once 方法添加事件监听，通过 un 与 unByKey 方法移除事件监听。具体信息可以查阅其在线文档(https://openlayers. org/en/latest/apidoc/)。

与 Leaflet 较为类似，OpenLayers 也是一个前端的 WebGIS 类库，支持二维 WebGIS 开发。对比二者可以发现，OpenLayers 的优点是二维 GIS 功能丰富、全面，但也有缺点，例如，地图样式简单，难以定制高颜值的可视化效果。因此，OpenLayers 适用于传统 GIS 的二维数据Web维护和展示。Leaflet最显著的优点是入手简单，而且同时兼容Web端和移动端；致命的缺点是不支持WebGL渲染，性能有瓶颈，因此Leaflet适用于轻量级简单地理信息主题可视化。

第二节　地图浏览功能实现

一、开发环境配置

需要指出的是，与Leaflet的使用方式类似，OpenLayers也可以通过在线和离线两种方式使用。如果在程序开发调试阶段，可以使用在线引用的方式，则无需下载任何文件。如果是用于实际生产环境，则建议采用离线应用的形式。

(1)在线引用的方式非常简单，在HTML页面的head标记中添加如下代码即可：

```
<script
src="https://cdn.jsdelivr.net/gh/openlayers/openlayers.github.io@master/en/v6.10.0/build/ol.js"
></script>
<link                                                    rel="stylesheet"
href="https://cdn.jsdelivr.net/gh/openlayers/openlayers.github.io@master/en/v6.10.0/css/ol.
css">
```

(2)离线使用的方式需要下载类库文件。首先进入OpenLayers官网页面，然后点击“Get the Code”，或者点击页面右上角“download”按钮，操作界面如图5-2所示。

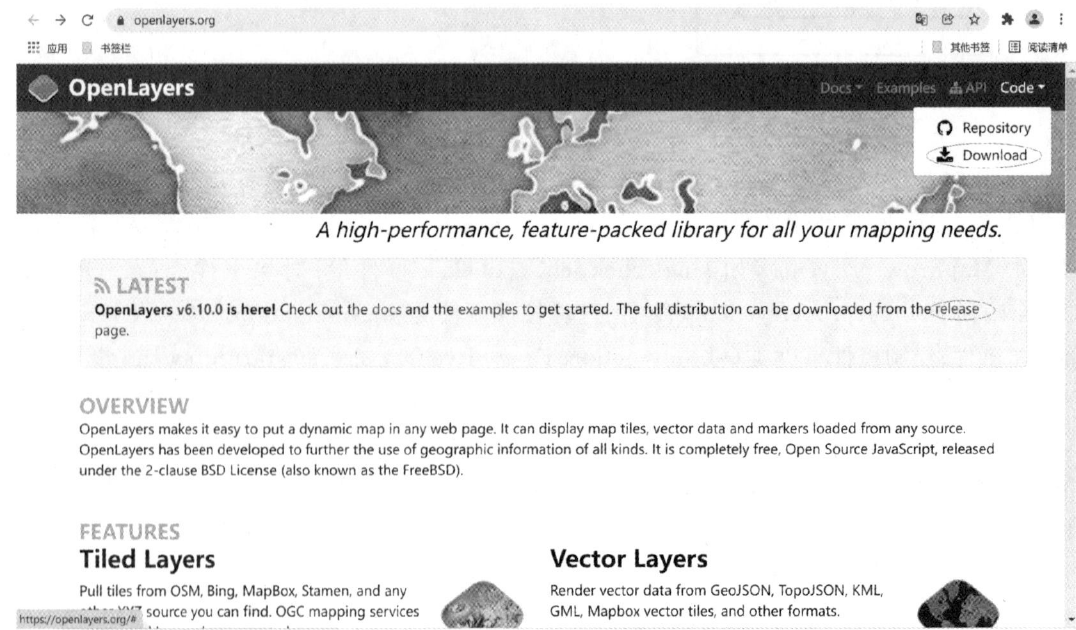

图5-2　OpenLayers主页

进入页面，下载包含源码包、示例和 API 文档的压缩文件（本书写作时下载的是 6.10.0 版本，文件名为 v6.10.0.zip），操作界面如图 5 - 3 所示。

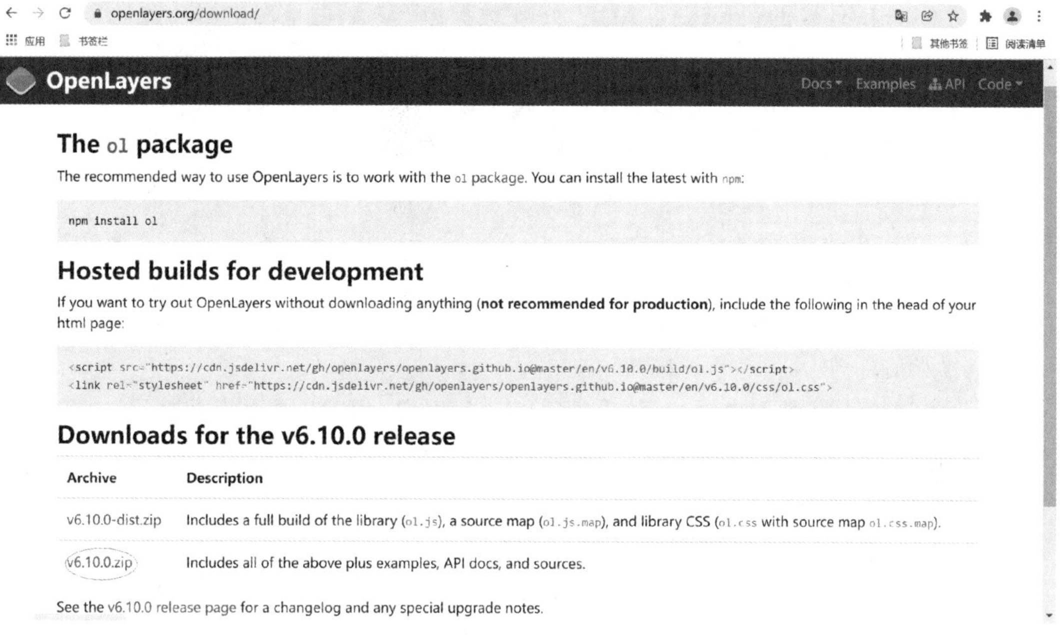

图 5 - 3　OpenLayers 下载页面

将下载得到的 v6.10.0.zip 进行解压缩，文件夹如图 5 - 4 所示。

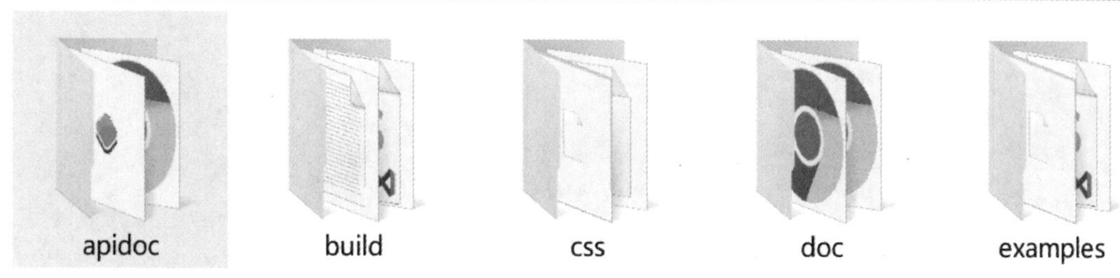

图 5 - 4　OpenLayers 文件夹一览

其中，build 文件夹中包含了 ol.js 文件，它是 OpenLayers 的核心开发库，集成了 OpenLayers 的所有功能；css 文件夹中包含了 ol.css 文件，它是样式库，包含了 OpenLayers 的所有默认样式信息。在后续开发过程中，我们需要用到的类库文件就是上述的 ol.js 文件和 ol.css 文件。

二、快速入门练习及实现原理分析

OpenLayers库可以通过变量ol实现快速访问。本节尝试演示一个简易的地图浏览程序来实现OpenLayers的快速入门，采用OSM数据源。基础的地图渲染功能的实现逻辑如下：

(1)利用link和script命令引入OpenLayers的css文件与js文件。

(2)创建用于装载地图的div对象，设置div对象的id。

(3)利用style标记来配置div对象的样式，务必设置div的高度，否则无法正常显示地图。

(4)使用ol.map()构造函数来创建一个地图对象(假设对象名为map)，设置地图对象的参数，包括target(目标容器)、layers(图层集合)、view(视图，包括初始中心地理位置、缩放级别、投影信息等)。

至此，一个简易的地图应用就已经构建完毕。完整的HTML页面代码如下：

```
<! DOCTYPE html>
<html lang="en">
<head>
    <meta charset="UTF-8">
    <meta name="viewport"content="width=device-width,initial-scale=1.0">
    <meta http-equiv="X-UA-Compatible"content="ie=edge">
    <title>OL地图浏览应用</title>
    <script src="./v6.10.0/build/ol.js"></script>
    <link rel="stylesheet"href="./v6.10.0/css/ol.css"/>
    <style>
        html,body {
                height:100%;
                margin:0;
        }
        #map {
                width:100%;
                height:100%;
        }
</style>
</head>
<body>
    <div id="map"></div>
    <script>
        let map=new ol.Map({
            target:'map',                              //关联到对应的div容器
```

```
            layers:[
                new ol.layer.Tile({                          // 瓦片图层
                    source:new ol.source.OSM()       // OpenStreetMap 数据源
                })
            ],
            view:new ol.View({                               // 地图视图
                projection:'EPSG:3857',   // 坐标系统
                center:[0,0],   // 地图初始中心点
                zoom:0   // 缩放级别
            })
        });
    </script>
</body>
</html>
```

运行页面的效果如图 5－5 所示。

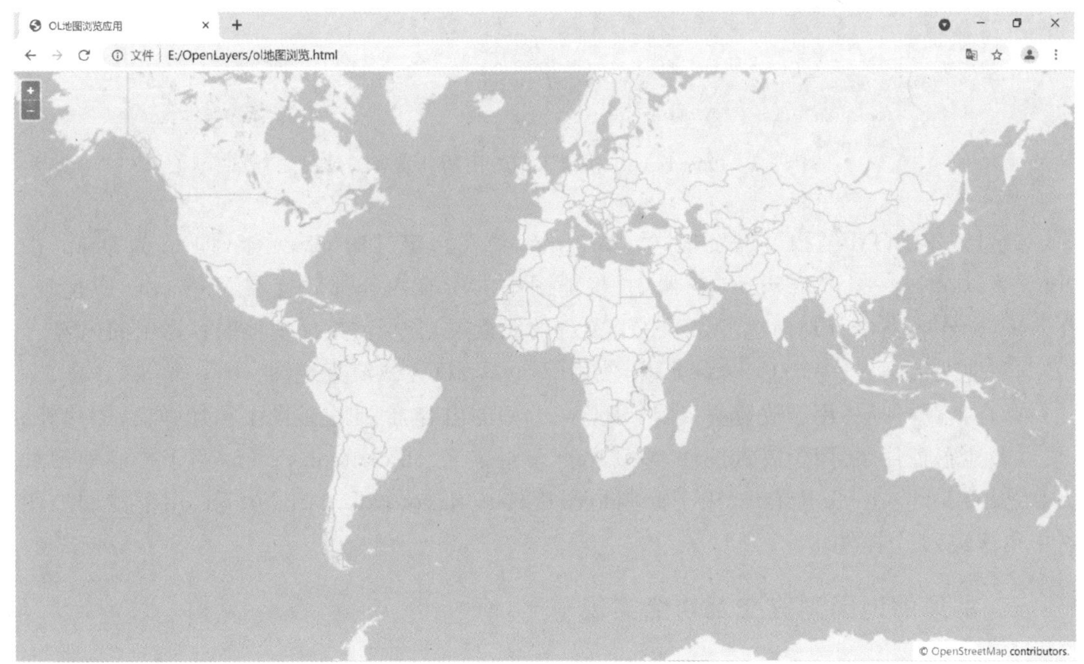

图 5－5　OpenLayers 快速入门应用效果图

接下来，我们来分析 OpenLayers 如何将设置的图层数据呈现到浏览器端。在此，我们需要使用浏览器的开发者模式（Google Chrome 浏览器中可以通过菜单栏中的“更多工具-开发者工具”来调出）。

使用浏览器打开 ol 地图浏览.html，并打开开发者工具。进入默认的 Elements 选项卡，

逐一点开 DOM 元素层次，查看快速入门程序的 DOM 元素组织结构。地图容器 div 的 DOM 元素组织结构如图 5－6 所示。

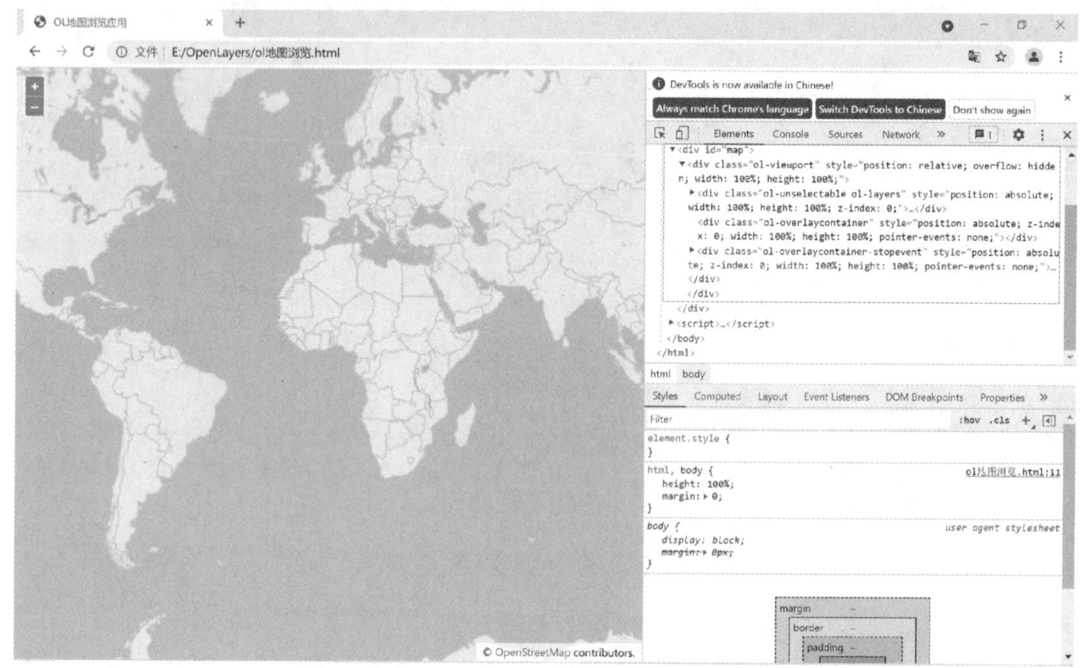

图 5－6　OpenLayers 快速入门应用的开发者工具视图

通过观察 DOM 结构可以发现，OpenLayers 会在自定义的 div 元素（即 id 为“map”的 div 元素）中创建一个 Viewport 容器，并将地图中的所有内容都放置在 Viewport 中呈现。在 Viewport 容器中分别创建了如下 3 个关键的元素层，分别渲染呈现地图容器中的内容。

（1）地图渲染层：一个 Canvas 元素，使用 Canvas 2D 方式渲染地图。

（2）内容叠加层：用于放置叠置层（ol. Overlay）的内容，例如在地图上添加弹窗、图片等。

（3）地图控件层：用于放置控件，默认情况下会放置 ol. control. Zoom（用于控制地图放大和缩小）、ol. control. Rotate（用于控制地图旋转）、ol. control. Attribution（用于控制地图右下角标记）3 个控件。

三、常见的地图浏览交互功能实现

（一）更换地图数据源功能

OpenLayers 并没有封装图层切换的控件，所以我们需要自己来实现图层控件。自定义图层切换控件的原理很简单：显示某个图层时，将其他图层隐藏。

实现对主流地图服务商数据源的支持是 WebGIS 应用开发的常见需求。对于中国地区而言，实现对百度地图、高德地图、天地图等地图服务的支持更是必不可少的。下面将尝试向读者演示如何在 OpenLayers 中实现对 OSM、Stamen、百度、高德、天地图、必应等常见地图数据源的支持。

(1)创建几个复选框控件，用来实现图层显示与否的操作。示范代码为：

```
<div id="lycontrols">
    <input type="checkbox"id="osm"checked />OpenStreetMap
    <input type="checkbox"id="bingmap"/>Bing Map
    <input type="checkbox"id="stamen"/>Stamen Map
</div>
```

(2)针对不同数据源，创建矢量图层对象。不同地图数据源的坐标系存在差异，因此本书将根据坐标系的类别，分别进行介绍。OSM、Bing、Stamen 等地图数据源的地图坐标系为 EPSG:3857(WGS 84/Pseudo - Mercator)，也叫 Web 墨卡托投影。该坐标系与 WGS84 坐标系的主要区别在于基准面采用了圆球体，而不是椭球体。针对这 3 类地图的矢量瓦片数据源，直接使用 ol. layer. Tile()构建即可。具体示范代码如下：

```
let map=new ol. Map({
        target:'map',                          //关联到对应的 div 容器
        layers:[
            new ol. layer. Tile({              // OpenStreetMap 图层
                source:new ol. source. OSM()
            }),
            new ol. layer. Tile({              // Bing Map 图层
                source:new ol. source. BingMaps({
                    key:'略',    // 可以自行到 Bing Map 官网申请 key
                    imagerySet:'Aerial'
                }),
                visible:false                  //先隐藏该图层
            }),
            new ol. layer. Tile({
                source:new ol. source. Stamen({
                    layer:'watercolor'
                }),
                visible:false                  //先隐藏该图层
            })
        ],
        view:new ol. View({                    // 地图视图
            projection:'EPSG:3857',
            center:[0,0],
            zoom:0
        })
    });
```

(3)利用事件委托机制，通过 DOM 元素的 id 值来判断应该对哪个图层进行显示和隐藏。示范代码为：

```
let controls=document.getElementById('lycontrols');
// 事件委托
controls.addEventListener('click',(event)=> {
    if(event.target.checked){                         // 如果选中某一复选框
        // 通过 DOM 元素的 id 值来判断应该对哪个图层进行显示
        switch(event.target.id){
            case "osm":
                map.getLayers().item(0).setVisible(true);
                break;
            case "bingmap":
                map.getLayers().item(1).setVisible(true);
                break;
            case "stamen":
                map.getLayers().item(2).setVisible(true);
                break;
            default:break;
        }
    }else{                                            // 如果取消某一复选框
        // 通过 DOM 元素的 id 值来判断应该对哪个图层进行隐藏
        switch(event.target.id){
            case "osm":
                map.getLayers().item(0).setVisible(false);
                break;
            case "bingmap":
                map.getLayers().item(1).setVisible(false);
            case "stamen":
                map.getLayers().item(2).setVisible(false);
            default:break;
        }
    }
});
```

完整版的 HTML 页面代码为：

```
<!DOCTYPE html>
<html lang="en">
<head>
    <meta charset="UTF-8">
    <meta name="viewport"content="width=device-width,initial-scale=1.0">
```

```
    <meta http-equiv="X-UA-Compatible"content="ie=edge">
    <title>图层切换控件</title>
    <link rel="stylesheet"href="../v6.10.0/css/ol.css"/>
    <script src="../v6.10.0/build/ol.js"></script>
    <style>
        #map {
            height:600px;
        }
</style>
</head>
<body>
    <div id="lycontrols">
        <input type="checkbox"id="osm"checked />OpenStreetMap
        <input type="checkbox"id="bingmap"/>Bing Map
        <input type="checkbox"id="stamen"/>Stamen Map
    </div>
    <div id="map"></div>
    <script>
        let map=new ol.Map({
            target:'map',                          // 关联到对应的 div 容器
            layers:[
                new ol.layer.Tile({                // OpenStreetMap 图层
                    source:new ol.source.OSM()
                }),
                new ol.layer.Tile({                // Bing Map 图层
                    source:new ol.source.BingMaps({
                        key:你的 key,     // 可以自行到 Bing Map 官网申请 key
                        imagerySet:'Aerial'
                    }),
                    visible:false                  // 先隐藏该图层
                }),
                new ol.layer.Tile({
                    source:new ol.source.Stamen({
                        layer:'watercolor'
                    }),
                    visible:false                  // 先隐藏该图层
                })
            ],
            view:new ol.View({                     // 地图视图
                projection:'EPSG:3857',
```

```
                center:[0,0],
                zoom:0
            })
        });
        let controls=document.getElementById('lycontrols');
        // 事件委托
        controls.addEventListener('click',(event)=> {
            if(event.target.checked){                              // 如果选中某一复选框
                // 通过 DOM 元素的 id 值来判断应该对哪个图层进行显示
                switch(event.target.id){
                    case "osm":
                        map.getLayers().item(0).setVisible(true);
                        break;
                    case "bingmap":
                        map.getLayers().item(1).setVisible(true);
                        break;
                    case "stamen":
                        map.getLayers().item(2).setVisible(true);
                        break;
                    default:break;
                }
            }else{                                                 // 如果取消某一复选框
                // 通过 DOM 元素的 id 值来判断应该对哪个图层进行隐藏
                switch(event.target.id){
                    case "osm":
                        map.getLayers().item(0).setVisible(false);
                        break;
                    case "bingmap":
                        map.getLayers().item(1).setVisible(false);
                    case "stamen":
                        map.getLayers().item(2).setVisible(false);
                    default:break;
                }
            }
        });
    </script>
</body>
</html>
```

运行效果如图 5－7 所示，可以通过点选页面左上角的复选框，来切换图层的可见状态。

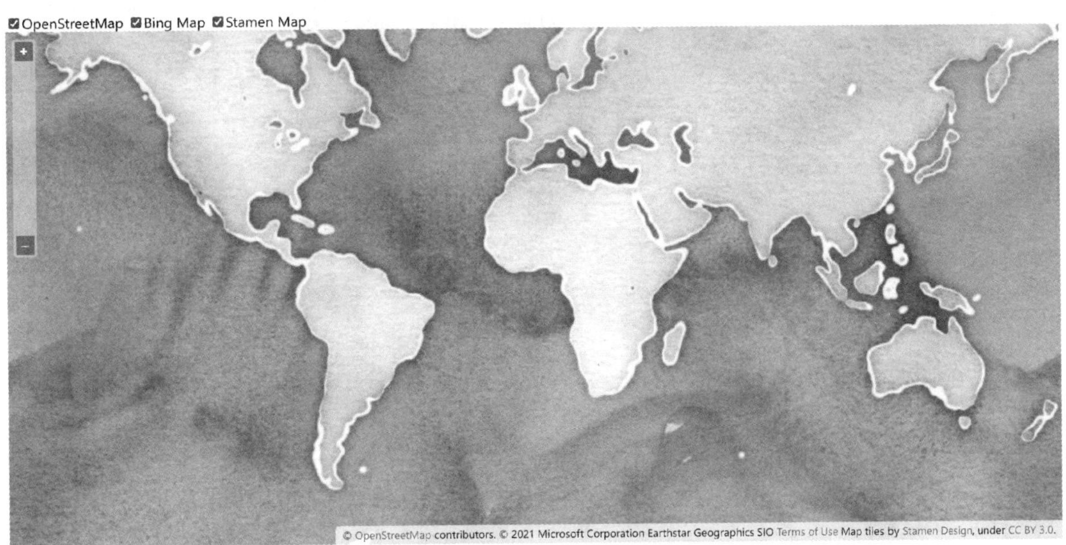

图 5－7　OpenLayers 切换图层

(二)滚动缩放、全屏、鼠标拾取坐标等功能

事实上，OpenLayers 的地图控件集合中已经集成了滑块缩放、缩放至特定位置、全屏、鼠标拾取、鹰眼图等常见的地图交互功能，可以通过简单的几句代码来实现。具体实现方式为调用 controls:ol. control. defaults(). extend()来实现对地图控件集合的扩充。示范代码如下：

```
controls:ol.control.defaults().extend([   //扩充地图控件集合
                new ol.control.ZoomSlider()   // 往地图增加滑块缩放控件
                ,new ol.control.ZoomToExtent({   // 缩放至特定位置控件
                    extent:[12667718,2562800,
                        12718359,2597725]})
                ,new ol.control.FullScreen()   //全屏控件
                ,new ol.control.MousePosition()//拾取鼠标位置控件
                ,new ol.control.OverviewMap({   // 鹰眼图控件
                    layers:[
                    new ol.layer.Tile({ // OpenStreetMap 图层
                        source:new ol.source.OSM()     })
                    ],   collapsed:false })
                ,new ol.control.ScaleLine()//比例尺
                ,new ol.control.Rotate({ autoHide:false})   //地图旋转控件
        ])
```

然而，在实际使用中，各个控件的默认设置会导致部分控件的初始化位置存在相互遮盖的情况。例如，将上述示范代码加入前文实现的简易地图浏览程序中，运行效果如图 5－8 所示。

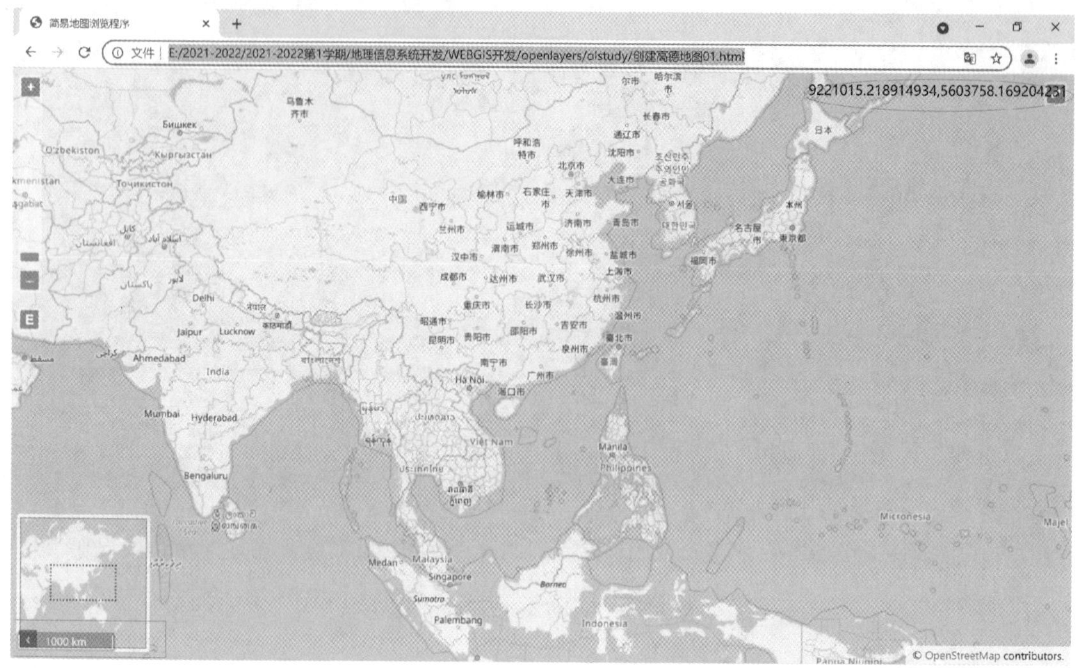

图 5-8　OpenLayers 地图交互控件遮盖现象

从图 5-8 可以看出，鼠标拾取控件、全屏控件和选择控件之间存在遮盖，鹰眼图控件和比例尺控件之间也存在遮盖。因此，需要手动更改控件的位置。在开发 OpenLayers 应用的 HTML 页面中更改控件的放置位置，一般有两种方式：第一种是修改控件的可选参数的默认值；第二种是覆盖其默认的 css 样式类属性值。本书将分别演示这两种方式。

1. 修改控件的可选参数的默认值

首先来看如何通过第一种方式更改鼠标拾取控件的位置。ol. control. MousePosition 的可选参数如下：

```
/**
 * @typedef {{className:(string|undefined),
 *         coordinateFormat:(ol.CoordinateFormatType|undefined),
 *         projection:ol.proj.ProjectionLike,
 *         render:(function(ol.MapEvent)|undefined),
 *         target:(Element|undefined),
 *         undefinedHTML:(string|undefined)}}
 * @api stable
 */
```

其中，className 表示显示坐标的 HTML 元素的 class 值，如果不设置，就是默认的 ol-mouse-position，即默认动态生成的；coordinateFormat 表示设置坐标显示的格式，保留小数点后几位等；projection 为投影信息，表示显示坐标的投影坐标系。

了解了上述信息后，更改拾取鼠标坐标控件位置的实现思路即可拟定为：首先，定义 div 容器对象用来加载拾取鼠标坐标控件。示范代码为：

```
<div  id="mouse-position"class="mouse-position-wrapper">
   <div class="custom-mouse-position"></div>
</div>
```

然后，通过 css 代码定义 div 对象的样式，使其悬浮在地图窗口最上层，并放置在地图右下角。在 OpenLayers 中可以通过更改 z-index 来实现 div 对象在垂直方向上的显示顺序。默认情况下，map 对象的 z-index 值很大，要悬浮在 map 之上，就要定义一个更大的 z-index，例如 999。示范的 css 代码为：

```
.mouse-position-wrapper{
    width:300px;
    height:29px;
    color:#0c0c0c;
    position:absolute;
    right:20px;
    bottom:10px;
    z-index:999;
}
```

最后，调用 controls:ol.control.defaults().extend()来实现添加自定义位置的鼠标拾取控件到地图控件集合中。示范代码为：

```
    ,new ol.control.MousePosition(
    {
coordinateFormat:ol.coordinate.createStringXY(2),
projection:'EPSG:3857',
className:'custom-mouse-position',
target:document.getElementById('mouse-position')
    }
)//鼠标位置控件
```

至此，我们就实现了在地图右下角显示鼠标拾取控件的功能。完整版的 HTML 页面代码为：

```
<!DOCTYPE html>
<html lang="en">
<head>
    <meta charset="UTF-8">
    <meta name="viewport"content="width=device-width,initial-scale=1.0">
```

```
    <meta http-equiv="X-UA-Compatible" content="ie=edge">
    <title>更改拾取鼠标控件的放置位置</title>
    <link rel="stylesheet" href="../v6.10.0/css/ol.css"/>
    <script src="../v6.10.0/build/ol.js"></script>
    <style>
        html,body {
            height:100%;
            margin:0;
        }
        #map {
            width:100%;
            height:100%;
        }
        #map .ol-zoom .ol-zoom-out {
            margin-top:204px;
                    }
            #map .ol-zoomslider {
            background-color:transparent;
            top:2.3em;
                    }
            #map .ol-zoom-extent {
            top:380px;
        }
        .mouse-position-wrapper{
            width:300px;
            height:29px;
            color:#0c0c0c;
            position:absolute;
            right:20px;
            bottom:10px;
            z-index:999;
        }
</style>
</head>
<body>
    <div id="map"></div>
    <div id="mouse-position" class="mouse-position-wrapper">
      <div class="custom-mouse-position"></div>
    </div>
<script>
```

```
    var map=new ol.Map({
        target:'map',
        layers:[
        new ol.layer.Tile({ // OpenStreetMap 图层
                source:new ol.source.OSM()
            })
        ],
        view:new ol.View({
          center:ol.proj.fromLonLat([113.2,23.1]),
          zoom:4
        }),
        controls:ol.control.defaults().extend([  //扩充地图控件集合
                new ol.control.ZoomSlider()  // 往地图增加滑块缩放控件
                ,new ol.control.ZoomToExtent({  // 缩放至特定位置控件
                    extent:[12667718,2562800,
                        12718359,2597725]  })
                ,new ol.control.FullScreen()  //全屏控件
                ,new ol.control.MousePosition(
                    {
                coordinateFormat:ol.coordinate.createStringXY(2),
                projection:'EPSG:3857',
                className:'custom-mouse-position',
                target:document.getElementById('mouse-position')
                    }
                )//拾取鼠标位置控件
                ,new ol.control.OverviewMap({  // 鹰眼图控件
                    layers:[
                    new ol.layer.Tile({ // OpenStreetMap 图层
                        source:new ol.source.OSM()    })
                    ],  collapsed:false
                })
            ,new ol.control.ScaleLine()//比例尺
            ,new ol.control.Rotate({ autoHide:false})
            ])
    })
    </script>
</body>
</html>
```

该页面的运行效果如图 5-9 所示(点击“缩放至特定位置”控件后的结果)。

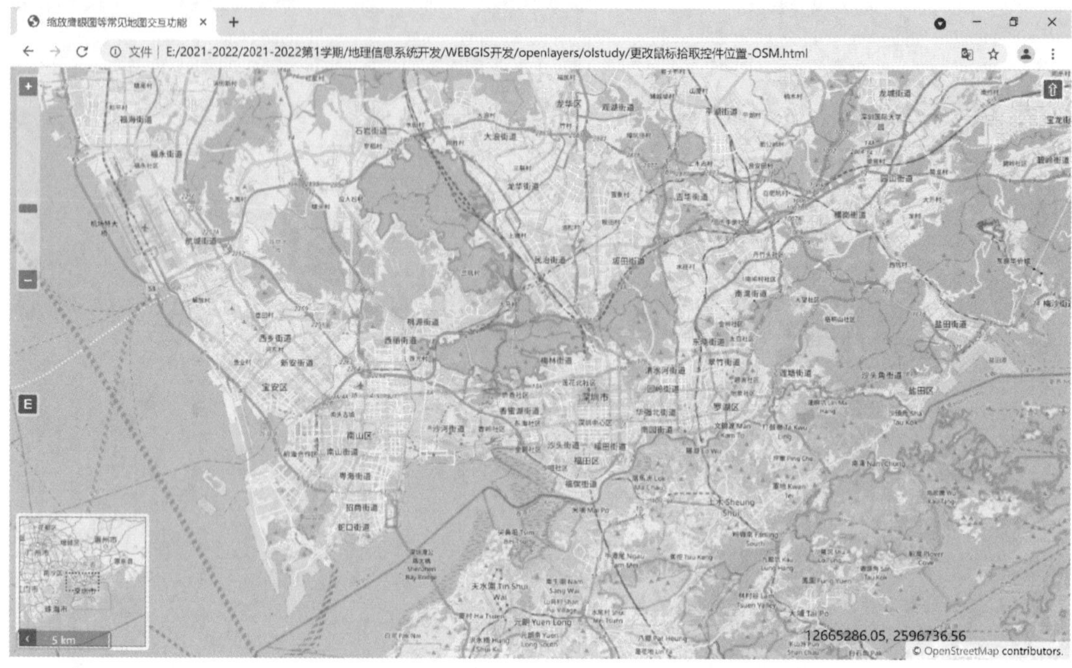

图 5-9　OpenLayers 地图交互控件位置调整效果

从图 5-9 可以看出，拾取鼠标位置控件的放置位置已经改到了地图右下角，与全屏控件不再存在遮盖现象。然而，右上角的全屏控件仍然遮盖住了旋转控件，左下角的鹰眼图控件和比例尺控件之间也存在遮盖情况。

2. 覆盖默认的 css 样式类属性值

我们计划通过更改地图旋转控件和比例尺控件的位置，来解决相互遮盖的问题。地图旋转控件的可选参数如下：

```
 /**
* @typedef {{duration:(number|undefined),
*       className:(string|undefined),
*       label:(string|Node|undefined),
*       tipLabel:(string|undefined),
*       target:(Element|undefined),
*       render:(function(ol.MapEvent)|undefined),
*       autoHide:(boolean|undefined)}}
* @api stable
*/
```

参数的意义为：duration 表示在开始角度和目标角度转动特效的持续时间，单位为毫秒，默认为 240；className 表示图标的样式，默认为 ol-rotate；label 表示旋转按钮中显示的符号，默认为“⇧”；tipLabel 表示鼠标在按钮上时的提示文字，默认为 Reset rotation；target 表示按钮放置的 HTML 元素的 id；render 表示当控件重新绘制的时候，调用的函数；autoHide 表示当选择角度为 0 的时候，控件是否自动隐藏，默认值为 true，也就是默认隐藏。默认情况下，该控件不会显示；当地图旋转，角度不为 0 时，才会显示，原因是该控件为地图默认添加控件。当该控件显示时，其默认的位置和全屏控件重合。在程序自身的 css 样式表中添加如下代码(因为自带的 css 文件样式优先级比外部链接引入的样式优先级高)，即可更改旋转控件的放置位置。

```
    /* rewrite the default css in 'ol.css' */
.ol-rotate{
    right:40px;
}
```

按照类似的方法，修改比例尺控件的位置属性，示范代码为：

```
    /* rewrite the default css in 'ol.css' */
.ol-scale-line{
    left:200px;
}
```

完整的 HTML 页面代码为：

```
<!DOCTYPE html>
<html lang="en">
<head>
    <meta charset="UTF-8">
    <meta name="viewport"content="width=device-width,initial-scale=1.0">
    <meta http-equiv="X-UA-Compatible"content="ie=edge">
    <title>缩放鹰眼图等常见地图交互功能</title>
    <link rel="stylesheet"href="../v6.10.0/css/ol.css"/>
    <script src="../v6.10.0/build/ol.js"></script>
    <style>
        html,body {
            height:100%;
            margin:0;
        }
        #map {
          width:100%;
          height:100%;
        }

        #map .ol-zoom .ol-zoom-out {
          margin-top:204px;
```

```
            }
            #map .ol-zoomslider {
            background-color:transparent;
            top:2.3em;
            }
            #map .ol-zoom-extent {
            top:380px;
        }
        .mouse-position-wrapper{
            width:300px;
            height:29px;
            color:#0c0c0c;
            position:absolute;
            right:20px;
            bottom:10px;
            z-index:999;
        }
            /* rewrite the default css in 'ol.css' */
        .ol-rotate{
            right:40px;
        }
</style>
</head>
<body>
    <div id="map"></div>
    <div  id="mouse-position"class="mouse-position-wrapper">
        <div class="custom-mouse-position"></div>
    </div>
<script>
    var map=new ol.Map({
        target:'map',
        layers:[
        new ol.layer.Tile({ // OpenStreetMap 图层
                source:new ol.source.OSM()
            })
        ],
        view:new ol.View({
            center:ol.proj.fromLonLat([113.2,23.1]),
            zoom:4
        }),
```

```
        controls:ol.control.defaults().extend([  //扩充地图控件集合
                new ol.control.ZoomSlider()  // 往地图增加滑块缩放控件
                ,new ol.control.ZoomToExtent({  // 缩放至特定位置控件
                    extent:[12667718,2562800,
                        12718359,2597725]  })
                ,new ol.control.FullScreen()  //全屏控件
                ,new ol.control.MousePosition(
                    {
                coordinateFormat:ol.coordinate.createStringXY(2),
                projection:'EPSG:3857',
                className:'custom-mouse-position',
                target:document.getElementById('mouse-position')
                    }
                )//拾取鼠标位置控件
                ,new ol.control.OverviewMap({  // 鹰眼图控件
                    layers:[
                    new ol.layer.Tile({ // OpenStreetMap 图层
                        source:new ol.source.OSM()    })
                    ],  collapsed:false
                })
            ,new ol.control.ScaleLine()//比例尺
            ,new ol.control.Rotate({ autoHide:false})
          ])
    })
    </script>
  </body>
  </html>
```

(三)信息弹窗功能

在 OpenLayers 中实现信息弹窗功能主要使用 ol.Overlay 类来实现。它的原理是将 DOM 元素动态地移动并覆盖到地图中的指定位置，因此也叫叠置层。当调用构造函数创建地图对象时，OpenLayers 地图引擎会在内部创建一个视图端口容器(viewport container，一个 css 类名为 ol-viewport 的 div 容器元素)，并将其放置在 target 属性映射的地图容器元素中。视图端口容器中将会包含 3 个子元素：①Canvas 元素，用于渲染地图；②css 类名为 ol-overlaycontainer-stopevent 的 div 元素，用于承载控件(control)和 stopEvent 属性设置为 true 的叠置层(overlay)，此处的 DOM 元素事件不冒泡；③css 类名为 ol-overlaycontainer，用于承载 stopEvent 属性设置为 false 的叠置层，此处的 DOM 元素事件会冒泡。因此，上面示例中用于充当叠置层的 html 元素都会被移到用于承载叠置层的 div 元素中。

了解了上述原理后，接下来主要参考官方 demo 程序，实现在地图上添加“广州大学”信息弹窗功能。功能的具体交互流程为在地图上广州大学对应位置处添加一个要素(圆形)，鼠标单击该要素后，随即弹出窗体显示信息(点击位置的经纬度坐标以及广州大学的官方网址超链接)。首先，定义 div 要素用来放置标签对象、点击标签后的信息弹窗以及标签的超链接等。然后，利用 ol. Overlay 类生成 3 个叠加对象，并设置各个对象的参数。最后，为地图绑定 click 事件，使用户点击地图就能在对应处弹出窗口显示信息。完整的 HTML 页面代码为：

```
<! DOCTYPE html>
<html lang="en">
<head>
    <meta charset="UTF-8">
    <meta name="viewport"content="width=device-width,initial-scale=1.0">
    <meta http-equiv="X-UA-Compatible"content="ie=edge">
    <title>信息弹窗--广州大学</title>
    <link rel="stylesheet"href="../v6.10.0/css/ol.css"/>
    <script src="../v6.10.0/build/ol.js"></script>
    <style>
        html,body {
            height:100%;
            margin:0;
        }
        #map {
            width:100%;
            height:100%;
        }
        #marker {
            width:20px;
            height:20px;
            border:1px solid#088;
            border-radius:10px;
            background-color:#0FF;
            opacity:0.5;
        }
        #vienna {
            text-decoration:none;
            color:white;
            font-size:11px;
            font-weight:bold;
            text-shadow:black 0.1em 0.1em 0.2em;
        }
```

```
        #popup {
            background-color:#088;
        }
    </style>
</head>
<body>
    <div id="map"></div>
    <div style="display:none;">
        <!-- 关于广州大学信息的点击标签 -->
        <a class="overlay"id="gzhu"target="_blank"href="http://www.gzhu.edu.cn/">广州
        大学</a>
        <div id="marker"title="Marker"></div>
        <!-- 弹窗 -->
        <div id="popup"></div>
        </div>
    <script>
        const map=new ol.Map({
            target:'map',
            layers:[
                new ol.layer.Tile({
                    source:new ol.source.OSM()
                })
            ],
            view:new ol.View({
                center:[0,0],
                zoom:2
            })
        });
        // 广州大学坐标
        const gzhuPos=ol.proj.fromLonLat([113.363,23.040]);
        // 用于充当广州大学标注的叠置层
        const marker=new ol.Overlay({
            position:gzhuPos,
            positioning:'center-center',
            element:document.getElementById('marker'),
            stopEvent:false
        })
        map.addOverlay(marker);      // 将叠置层添加到地图
        // 用于充当广州大学超链接标签的叠置层
        const gzhuna=new ol.Overlay({
```

```
            element:document.getElementById('gzhu'),
            position:gzhuPos
        });
        map.addOverlay(gzhuna);
        // 用户点击地图就会弹出来的窗口
        const popup=new ol.Overlay({
            element:document.getElementById('popup')
        });
        map.addOverlay(popup);
        // 为地图绑定 click 事件,使用户点击地图就能在对应处弹窗
        map.on('click',function(event){
            let element=popup.getElement();          // 获取充当弹窗的 DOM 元素
            let coordinate=event.coordinate;         // 获取鼠标点击处的坐标
            // 将地理坐标格式化为半球、度、分和秒的形式
            let hdms=ol.coordinate.toStringHDMS(ol.proj.toLonLat(coordinate));
            popup.setPosition(coordinate);           // 将弹窗位置设置为鼠标点击处
            element.innerHTML='<p>The location you clicked was:</p><code>'+hdms+
            '</code>';
        });
    </script>
</body>
</html>
```

网页的运行效果如图 5－10 所示，点击“广州大学”后，浏览器会自动跳转到广州大学的官方网站。

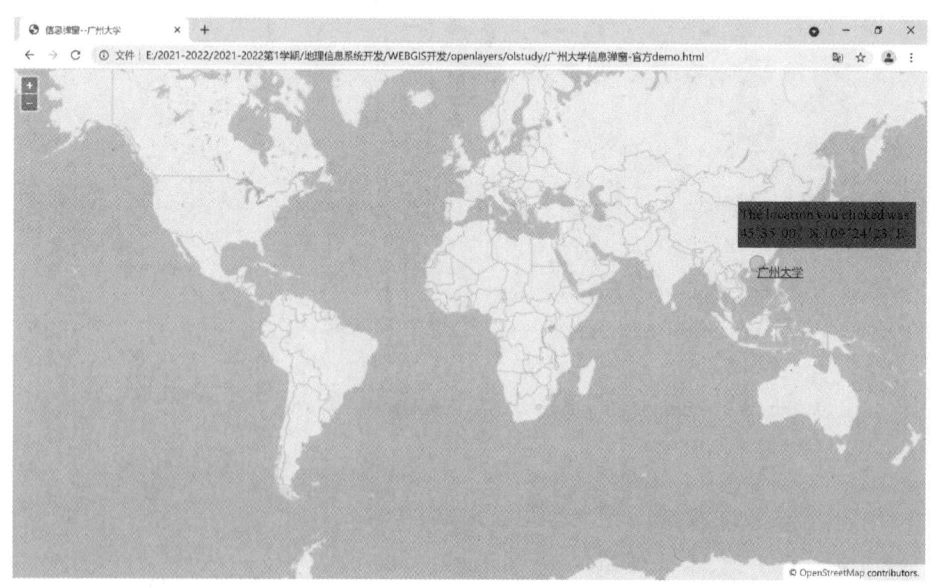

图 5－10　OpenLayers 信息弹窗功能效果

第三节　矢量要素绘制与编辑功能实现

一、矢量要素绘制

矢量要素绘制主要包括两种方式：根据已有的空间坐标信息绘制和交互式绘制。

1. 根据已有的空间坐标信息绘制

首先，根据需要，利用空间坐标信息创建矢量要素（点、线、面）。示范代码为：

```
//创建线要素
    var lineFeature=new ol.Feature(
        new ol.geom.LineString(
            [
                [-1e7,1e6],
                [-1e6,3e6]
            ]
        )
```

然后，实例化一个矢量图层 Vector 作为绘制层。示范代码为：

```
//实例化一个矢量图层 Vector 作为绘制层
var source=new ol.source.Vector({
    features:[
        pointFeature,
        lineFeature,
        polygonFeature
    ]
```

最后，设置矢量要素的样式（填充、线条样式等），将矢量图层添加到地图，即可实现预期效果。示范代码为：

```
var vectorLayer=new ol.layer.Vector({
            source:source,
            style:new ol.style.Style({
                fill:new ol.style.Fill({                    //填充样式
                    color:'rgba(255,255,255,0.2'
                }),
                stroke:new ol.style.Stroke({                //线样式
                    color:'#ffcc33',
                    width:2
                }),
                image:new ol.style.Circle({                 //点样式
                    radius:7,
                    fill:new ol.style.Fill({
```

```
                        color:'#ffcc33'
                    })
                })
            })
        });
        //将绘制层添加到地图容器中
        map.addLayer(vectorLayer);
```

完整的HTML页面代码为：

```
<!DOCTYPE html>
<html xmlns="http://www.w3.org/1999/xhtml">
<head>
    <meta http-equiv="Content-Type"content="text/html;charset=utf-8"/>
    <title>OpenLayers 绘制矢量要素</title>
    <link rel="stylesheet"href="../v6.10.0/css/ol.css"/>
    <script src="../v6.10.0/build/ol.js"></script>
    <style>
        html,body {
            height:100%;
            margin:0;
        }
        #map {
            width:100%;
            height:100%;
        }
    </style>
</head>
<body>
    <div id="map"></div>
    <script>
        var map=new ol.Map({
            target:'map',
            layers:[
            new ol.layer.Tile({
                source:new ol.source.OSM()
            })
        ],
        view:new ol.View({
            center:[0,0],
            zoom:3
```

```
        })
    })
    //点要素
    var pointFeature=new ol.Feature(
        new ol.geom.Point([0,0])
    );
    //线要素
    var lineFeature=new ol.Feature(
        new ol.geom.LineString(
            [
                [-1e7,1e6],
                [-1e6,3e6]
            ]
        )
    );
    //多边形要素
    var polygonFeature=new ol.Feature(
        new ol.geom.Polygon(
            [
                [
                    [-3e6,-1e6],
                    [-3e6,1e6],
                    [-1e6,1e6],
                    [-1e6,-1e6],
                    [-3e6,-1e6]
                ]
            ]
        )
    );
    //实例化一个矢量图层 Vector 作为绘制层
    var source=new ol.source.Vector({
        features:[
            pointFeature,
            lineFeature,
            polygonFeature
        ]
    });
    var vectorLayer=new ol.layer.Vector({
        source:source,
        style:new ol.style.Style({
```

```
                fill:new ol. style. Fill({                    //填充样式
                    color:'rgba(255,255,255,0.2'
                }),
                stroke:new ol. style. Stroke({                //线样式
                    color:'# ffcc33',
                    width:2
                }),
                image:new ol. style. Circle({                 //点样式
                    radius:7,
                    fill:new ol. style. Fill({
                        color:'# ffcc33'
                    })
                })
            })
        });
        //将绘制层添加到地图容器中
        map. addLayer(vectorLayer);
    </script>
</body>
</html>
```

运行页面的效果如图 5-11 所示。

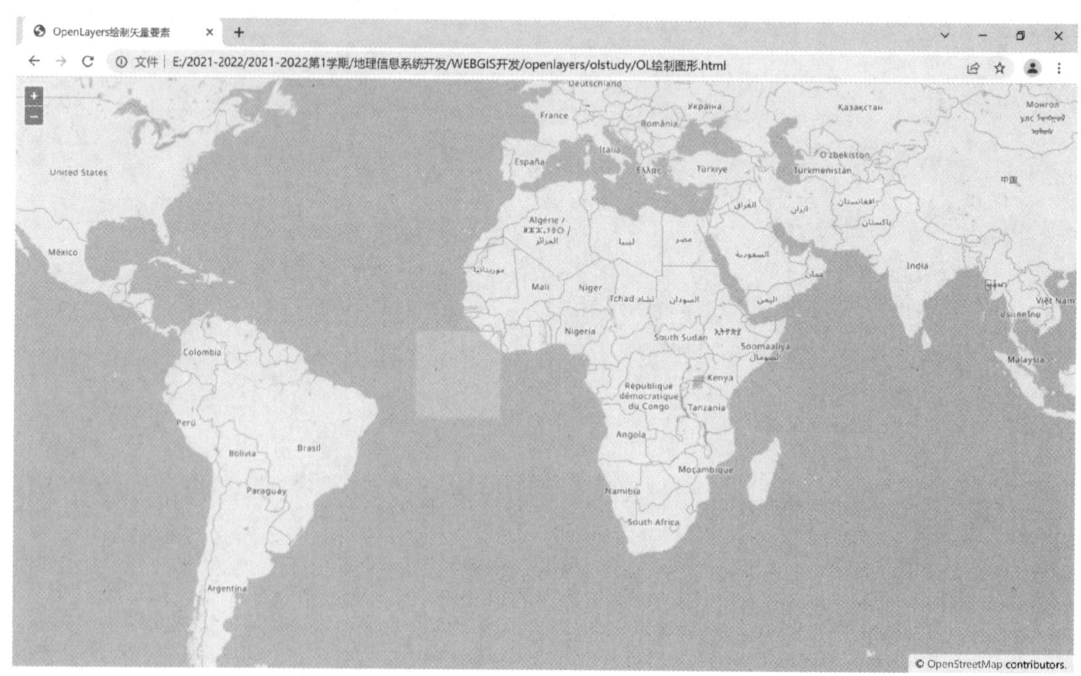

图 5-11　OpenLayers 矢量图形绘制效果

2. 交互式绘制

首先加载一个矢量图层绘制 Vector，在实例化此图层对象时统一设置了绘制的几何图形样式，然后通过调用 addInteraction()函数加载交互绘制图形控件(ol. interaction. Draw)，实现基本几何图形的绘制功能。交互绘制几何图形的关键是实例化 ol. interaction. Draw 控件，设置其关键参数，并将此控件添加到地图容器中。该控件支持点、线、圆和多边形图形，在创建交互控件时，直接设置控件对象的 type 参数即可。除此之外，正方形和长方形图形作为规则多边形，需要通过 geometryFunction 参数单独处理。ol. interaction. Draw 的主要参数：①source，绘制图层的数据源，即承载几何图形要素的数据源。②type，绘制的几何图形类型，即 ol. geom. GeometryType，包括 Point、LineString、Polygon、MultiPoint、MultiLineString、MultiPolygon、Circle。③geometryFunction，当几何坐标更新时调用此函数，当绘制类型为“正方形”和“长方形”时，需要通过此函数设置其几何对象，为“正方形”时通过 ol. interaction. Draw. createRegularPolygon(4)创建该函数，为“长方形”时则调用多边形(ol. geom. Polygon)的 setCoordinates 方法设置多边形的几何坐标串。④maxPoints，绘制图形结束前多边形或线的最大点数，线默认为 2，多边形默认为 3。

完整的 HTML 页面代码为：

```
<! DOCTYPE html>
<html xmlns="http://www.w3.org/1999/xhtml">
<head>
    <meta http-equiv="Content-Type"content="text/html;charset=utf-8"/>
    <title>OpenLayers 交互式绘制矢量要素</title>
    <link rel="stylesheet"href="../v6.10.0/css/ol.css"/>
    <script src="../v6.10.0/build/ol.js"></script>
    <style>
        html,body {
            height:100%;
            margin:0;
        }
        #map {
          width:100%;
          height:100%;
        }
    </style>
</head>
<body>
    <div id="menu">
        <label>几何图形类型: </label>
        <select id="type">
            <option value="None">无</option>
```

```
            <option value="Point">点</option>
            <option value="LineString">线</option>
            <option value="Polygon">多边形</option>
            <option value="Circle">圆</option>
            <option value="Square">正方形</option>
            <option value="Box">长方形</option>
        </select>
    </div>
    <div id="map"></div>

    <script>
        var map=new ol.Map({
            target:'map',
            layers:[
                new ol.layer.Tile({
                    source:new ol.source.OSM()
                })
            ],
            view:new ol.View({
                center:[0,0],
                zoom:3
            })
        });

        var typeSelect=document.getElementById('type');          //绘制类型选择对象
        var draw;                                    //ol.Interaction.Draw 类的对象
        //实例化一个矢量图层 Vector 作为绘制层
        var source=new ol.source.Vector();
        var vectorLayer=new ol.layer.Vector({
            source:source,
            style:new ol.style.Style({
                fill:new ol.style.Fill({                    //填充样式
                    color:'rgba(255,255,255,0.2'
                }),
                stroke:new ol.style.Stroke({                //线样式
                    color:'#ffcc33',
                    width:2
                }),
                image:new ol.style.Circle({                 //点样式
                    radius:7,
```

```
                fill:new ol.style.Fill({
                    color:'#ffcc33'
                })
            })
        })
});
//将绘制层添加到地图容器中
map.addLayer(vectorLayer);
//用户更改绘制类型触发的事件
typeSelect.onchange=function(e){
    map.removeInteraction(draw);       //移除绘制图形控件
    addInteraction();                  //添加绘制图形控件
};
function addInteraction(){
    var typeValue=typeSelect.value;           //绘制类型
    if(typeValue !=='None'){
        var geometryFunction,maxPoints;
        if(typeValue==='Square'){                        //正方形
            typeValue='Circle';                 //设置绘制类型为 Circle
            //设置几何信息变更函数,即创建正方形
            geometryFunction=ol.interaction.Draw.createRegularPolygon(4);
        }else if(typeValue==='Box'){                     //长方形
            typeValue='LineString';             //设置绘制类型为 LineString
            maxPoints=2;                                //设置最大点数为 2
            //设置几何信息变更函数,即设置长方形的坐标点
            geometryFunction=function(coordinates,geometry){
                if(!geometry){
                    geometry=new ol.geom.Polygon(null);          //多边形
                }
                var start=coordinates[0];
                var end=coordinates[1];
                geometry.setCoordinates([
                    [
                        start,
                        [start[0],end[1]],
                        end,
                        [end[0],start[1]],
                        start
                    ]
                ]);
```

```
                    return geometry;
                };
            }
            console.log(typeValue);
            //实例化图形绘制控件对象并添加到地图容器中
            draw=new ol.interaction.Draw({
                source:source,
                type:typeValue,                          //几何图形类型
                geometryFunction:geometryFunction,       //几何信息变更时的回调函数
                maxPoints:maxPoints                      //最大点数
            });
            map.addInteraction(draw);
        }else{
            //清空绘制的图形
            source.clear();
        }
    }
  </script>
</html>
```

网页运行后，在“几何图形类型:”右边的下拉列表框中选择“多边形”，随后用鼠标绘制一个多边形对象。具体效果如图 5-12 所示。

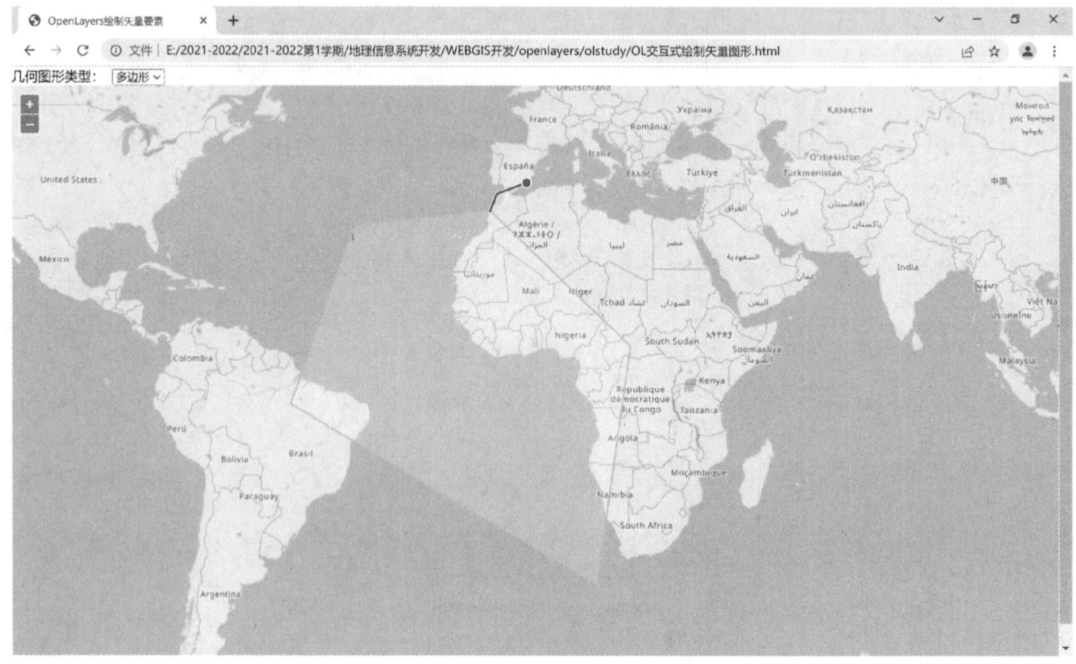

图 5-12 OpenLayers 绘制矢量图形

二、矢量要素编辑

OpenLayers 中原生支持要素编辑工具，具体使用方式较为简单。创建要素修改工具，将其添加到地图即可。示范代码为：

```
<script>
        let map=new ol.Map({
    target:'map',
    layers:[
        new ol.layer.Tile({
            source:new ol.source.OSM()
        }),
        vectorLayer
    ],
    view:new ol.View({
        projection:'EPSG:3857',
        center:[0,0],
        zoom:0
    })
  });
  // 创建 Modify 控件
  let modify=new ol.interaction.Modify({source:vectorSource});
  // 将控件添加至 Map 对象中
  map.addInteraction(modify);
</script>
```

在几何对象修改过程中，捕捉也是常用功能之一。OpenLayers 中也提供了捕捉工具。使用方式与编辑工具类似。创建捕捉工具，将其添加到地图即可。示范代码为：

```
<script>
function addInteraction(){
    let type=typeSelect.value;
    if (type ! =='None'){
        let geometryFunction;
        switch(type){
            case "Square":
                type='Circle';
                geometryFunction=ol.interaction.Draw.createRegularPolygon(4);
                break;
            case "Box":
                type='Circle';
                geometryFunction=ol.interaction.Draw.createBox();
```

```
                break;
            default:
                break;
        }
        draw=new ol.interaction.Draw({
            source:vectorSource,
            type:type,
            geometryFunction:geometryFunction
        });
        map.addInteraction(draw);
        // 创建 Snap 控件
        snap=new ol.interaction.Snap({source:vectorSource});
        // 将控件添加至 Map 对象中
        map.addInteraction(snap);
    }
}
</script>
```

第四节　本章小结

本章主要介绍利用 OpenLayers 进行 WebGIS 应用开发的基础知识。OpenLayers 开发的逻辑与 Leaflet 较为类似，当然也存在一些区别。OpenLayers 的各种类就是对 GIS 中各种事物的抽象。从开发要点来看，需要牢记的核心类如下：Map 是整个地图容器，可以理解为画板，承载各类元素；Layer 是图层类，可以有很多个图层叠加在一起来组成地图，每个图层对应一个图层包(有各种图层可选)，便于管理；Source 是数据源类，数据源和图层一一对应，每个数据源都对应一个资源包(有各种资源可选)；View 是总体展示类，控制地图显示的中心位置、范围、缩放层级等；Control 是控件类，主要包括一些 UI 组件，例如放大、缩小按钮等；Interaction 是交互类，即与用户进行交互，例如用鼠标进行地图拖动、放大、缩小等操作。此外，本章还对矢量要素绘制与编辑功能实现的基本流程进行了介绍，并结合实例进行演示。

OpenLayers 中的事件封装是一大亮点，非常值得学习。说到事件机制，在宏观上不得不涉及控件 OpenLayers.Control 类、OpenLayers.Marker 类、OpenLayers.Icon 类等。在外观上控件通过 Marker 和 Icon 表现出来，而事件包含在控件之后(英文原文为“The controls that wrap handlers define the methods that correspond to these abstract events”)。另外，控件实现的核心是 handler 类，每个控件中都包含对 handler 的引用，通过 active 和 deactive 两个方法，实现动态的激活和注销。OpenLayers 中的事件有两种：一种是浏览器事件(比如 onclick、onmouseup 等)，另一种是自定义的事件。自定义的事件如 addLayer、addControl 等，不像浏览器事件会绑定相应的 DOM 节点，它是与 Layer、Map 等关联的。限于篇幅，本章未进行阐述，感兴趣的读者可自行查阅相关资料。

第六章　基于 PostGIS、GeoServer 和 OpenLayers 的 WebGIS 应用开发

在 WebGIS 应用开发实践中，如果地图服务商提供的数据与功能无法满足项目需求，或者程序架构需要运行在组织内部的局域网环境中，则很有可能需要自行完成 WebGIS 应用的前后端功能开发。开发内容通常包括空间数据的存储管理、地图服务的发布、前端网页程序的开发三部分。利用开源软件均可以实现上述三部分的功能开发。

当应用程序规模较小时，使用 shapefile 等文件系统存储空间数据是可行的。然而，当应用程序规模变大、场景愈发复杂时，对多个用户的支持、复杂的即时查询和对于大型数据集的高性能表现，是空间数据库优于文件系统之处。因此，在实际生产环境中，使用空间数据库通常是必选项。本章尝试聚焦于此，介绍利用 PostGIS、GeoServer、OpenLayers 以及 Leaflet 等开源软件，进行 WebGIS 服务端和客户端的功能开发。具体而言，PostGIS 负责实现空间数据的存储、检索与管理，GeoServer 负责将空间数据发布为地图服务，Leaflet 则负责实现浏览器端的用户交互。接下来，针对涉及的开源软件进行介绍。

第一节　应用软件简介及开发环境配置

一、应用软件简介

PostgreSQL 是一款知名的开源关系型数据库产品，其官网号称是“世界上最先进的开源关系型数据库”(PostgreSQL 网站原文为“The world's most advanced open source relational database”)，与另一款知名开源数据库产品 MySQL 的官网宣传语(MySQL 网站原文为“The world's most popular open source database”)有异曲同工之妙。PostGIS(简称 PG)在 PostgreSQL 的基础上通过插件的形式实现了存储、管理空间数据的能力，也可以被视为一个开源空间数据库产品。PostGIS 强大的空间数据库功能依托于 PostgreSQL 的两个重要特性：①Geometry 对象，Geometry(几何对象类型)是 PostGIS 的一个基本存储类型，PostGIS 的空间数据都会以 Geometry 的形式存储在 PostgreSQL 里，本质是二进制对象；②通用搜索树，通用搜索树(Generalized Search Tree，Gist)是一种平衡树结构的访问方法，用户可以针对不同场景基于 Gist 定制自己的索引。Gist 的索引建立依赖于聚合运算，适合多维数据类型和集合数据类型。PostGIS 针对 Geometry 对象已经写好了一套 Gist 索引，用于空间检索。PostGIS 实现了空间数据的存储、输出、访问、编辑、处理、关系判断和测量以及空间拓扑实现等功能。PostGIS 采取的授权许可协议为 GNU General Public License

(GPLv2 or later)。综上所述,PostGIS是"踩在巨人肩膀上"实现的空间数据存储与检索,自身又基于OGC规范实现了专业的功能和合理的类型扩展,再加上开源光环的加持,让它成为最为流行的空间数据库。截至本书写作之时,PostGIS发布的最新稳定版本为3.2.0,该版本为纪念一位PostGIS的长期开发者(法国人Olivier Courtin)而命名为the Olivier Courtin release。详细信息可以查阅官方网站主页,网址为https://postgis.net/。

GeoServer是一款基于Java语言开发的符合OGC规范的开源WebGIS服务器。利用GeoServer可以方便地发布地理空间数据,允许用户对数据进行更新、删除、插入等编辑操作,实现在用户之间迅速共享空间地理信息这一功能。GeoServer兼容WMS和WFS两种OGC规范特性,支持PostgreSQL、Shapefile、ArcSDE、Oracle、VPF、MySQL、MapInfo,并支持上百种投影;同时能够将网络地图输出为jpg、gif、png 、SVG 、KML等格式。GeoServer能够运行在任何基于J2EE/Servlet容器之上,自身内嵌了MapBuilder支持AJAX的地图客户端OpenLayers,除此之外还包括许多其他的特性。GeoServer的许可协议为GNU General Public License Version 2.0,截至本书写作之时,GeoServer发布的最新版本为2.20.1。详细信息可以查阅官方网站主页,网址为http://geoserver.org/。

OpenLayers软件在第五章中已有过详细介绍,在此不再赘述。本书选择GeoServer内置的OpenLayers进行WebGIS客户端应用程序开发。

二、开发环境配置

(一)PostGIS安装与配置

1. 软件安装

如前文所述,PostGIS是作为PostgreSQL插件的形式存在的。因此,在安装PostGIS前首先必须安装PostgreSQL,然后在安装好的Stack Builder中选择安装PostGIS组件。具体流程如下:

(1)通过浏览器打开网址https://www.enterprisedb.com/downloads/postgres-postgresql-downloads,即可获取PostgreSQL的安装文件。本书使用的版本为PostgreSQL 10.19 Windows x86-64。读者可以根据自己的需要下载对应版本的安装文件,下载页面如图6-1所示。

(2)双击运行下载的安装文件,在安装过程中,除了设置超级用户postgres的密码以外,剩余设置先使用默认设置即可。PostgreSQL安装完成后,提示运行Stack Builder,即可通过该工具安装PostGIS。在Stack Builder启动后的界面中选择安装目标软件为PostgreSQL 10 (x64)on port 5432,具体界面如图6-2所示。

点击"下一个"按钮,进入图6-3所示的应用程序列表页面。首先,在该页面中点开原本处于折叠状态的"Spatial Extensions"节点,勾选对应版本PostGIS前面的复选框,本书选择了3.2版本。然后点击"下一个"按钮,界面如图6-3所示。

此后,Stack Builder会自动下载并安装PostGIS3.2。在设置安装组件时,建议选择"Create spatial database",以便在创建数据库时可以以此作为模板。对于其他步骤的设置

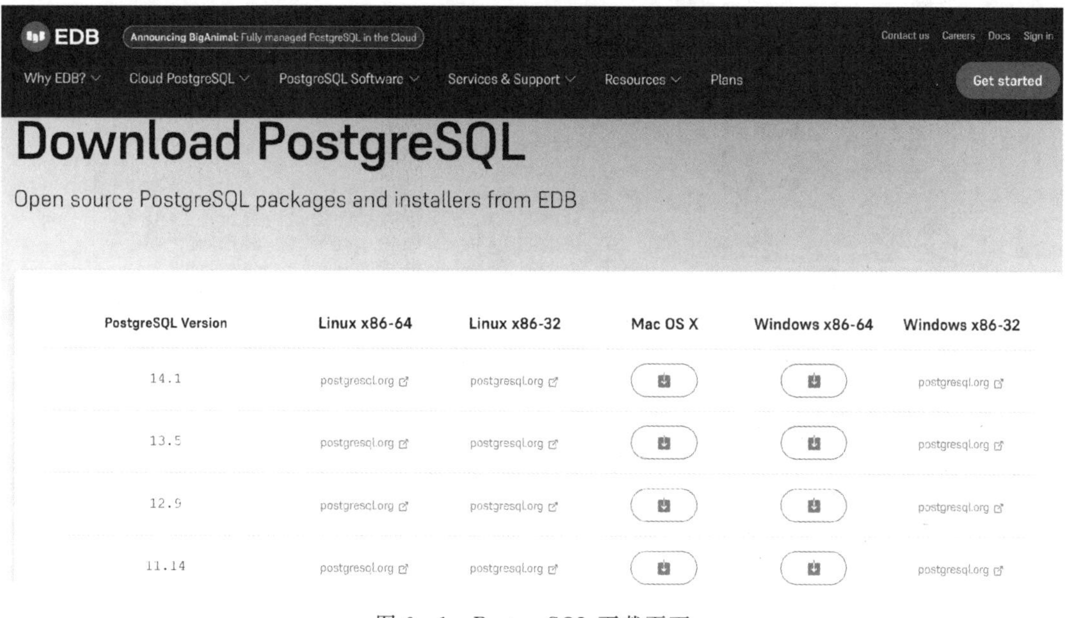

图 6-1　PostgreSQL 下载页面

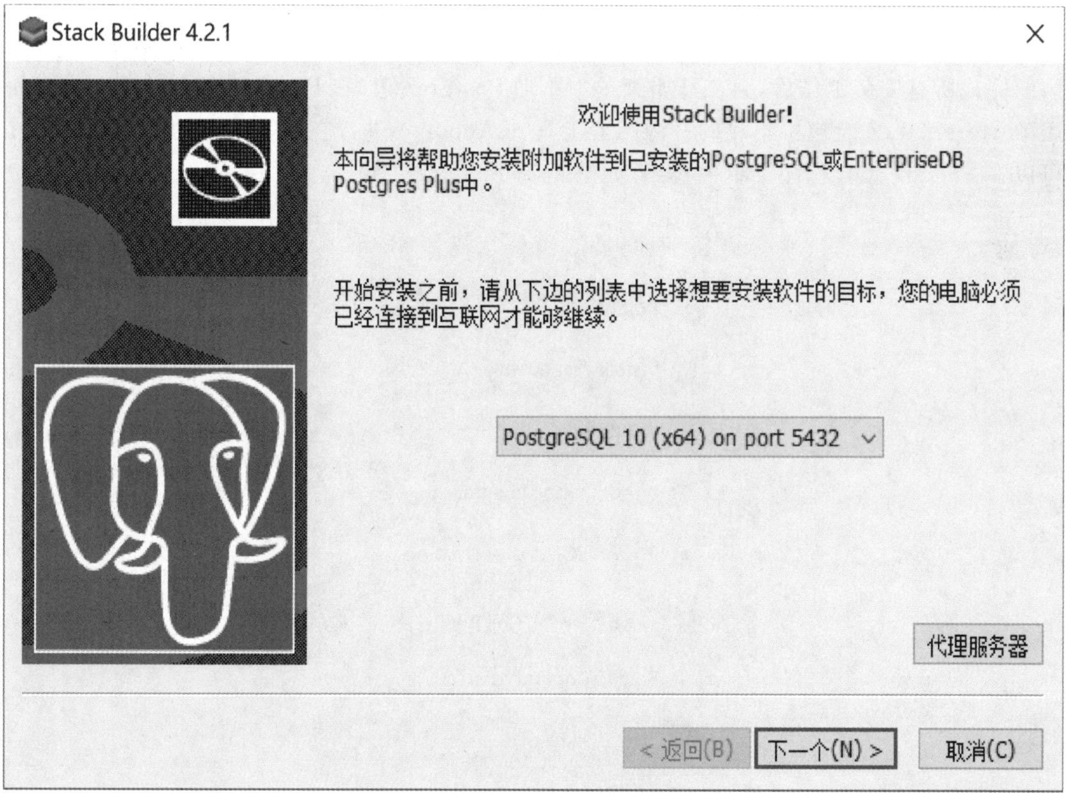

图 6-2　PostgreSQL 安装界面

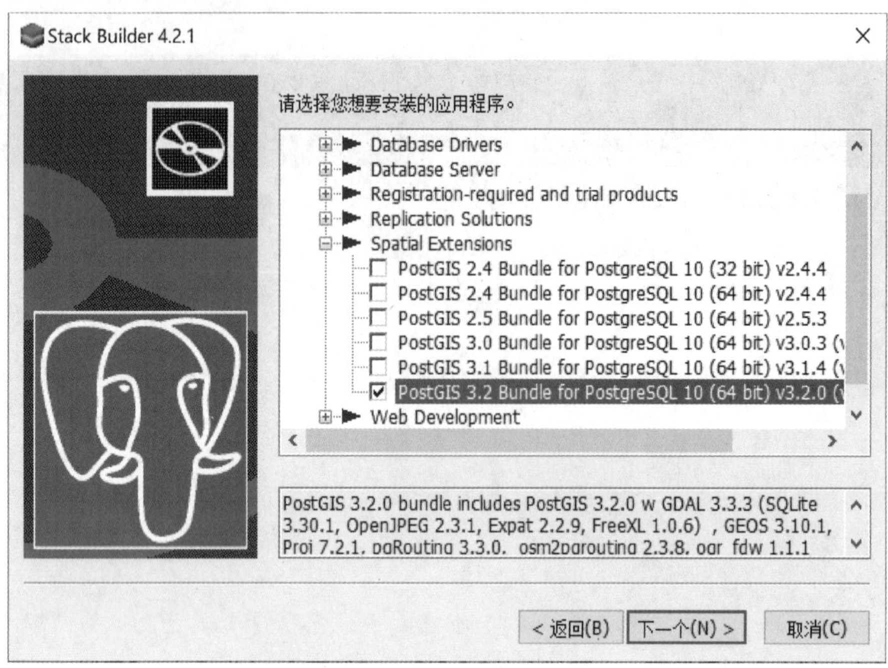

图 6-3　PostGIS 插件安装界面

选择默认值即可。为了节省篇幅,在此不再详细说明。

完成所有安装工作后,会在开始菜单中添加 PostgreSQL 和 PostGIS 的菜单项。本书使用 PostgreSQL 安装包中集成的开源图形工具 pgAdmin 4 进行空间数据库的管理。该工具可以在 PostgreSQL 程序菜单中找到,如图 6-4 所示。

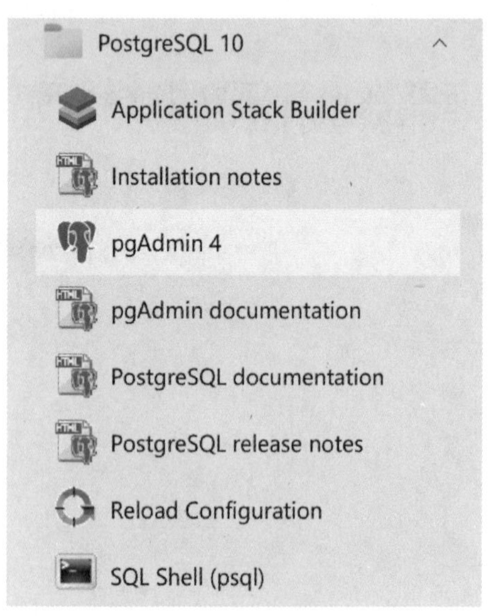

图 6-4　PostgreSQL 菜单项

2. 环境配置

启动 pgAdmin 4 进行数据库配置，其用户界面如图 6－5 所示。如果是第一次运行 pgAdmin 4，在窗体左侧“Servers”面板中通常已存在一个 PostgreSQL 服务器条目“PostgreSQL10”(服务器和端口号为 localhost：5432)。点击该条目，并在密码框中输入密码，以连接到该数据库服务器。

打开数据库的树型结构选项，查看可用的数据库。postgres 数据库是默认的 postgres 用户数据库，一般情况下不需处理。接下来，通过新建一个测试数据库来演示如何使用 PostGIS 插件。

首先，鼠标右击“Database”节点，在右键菜单中选择“Create—Database”，进入创建数据库窗体，界面如图 6－5 所示。

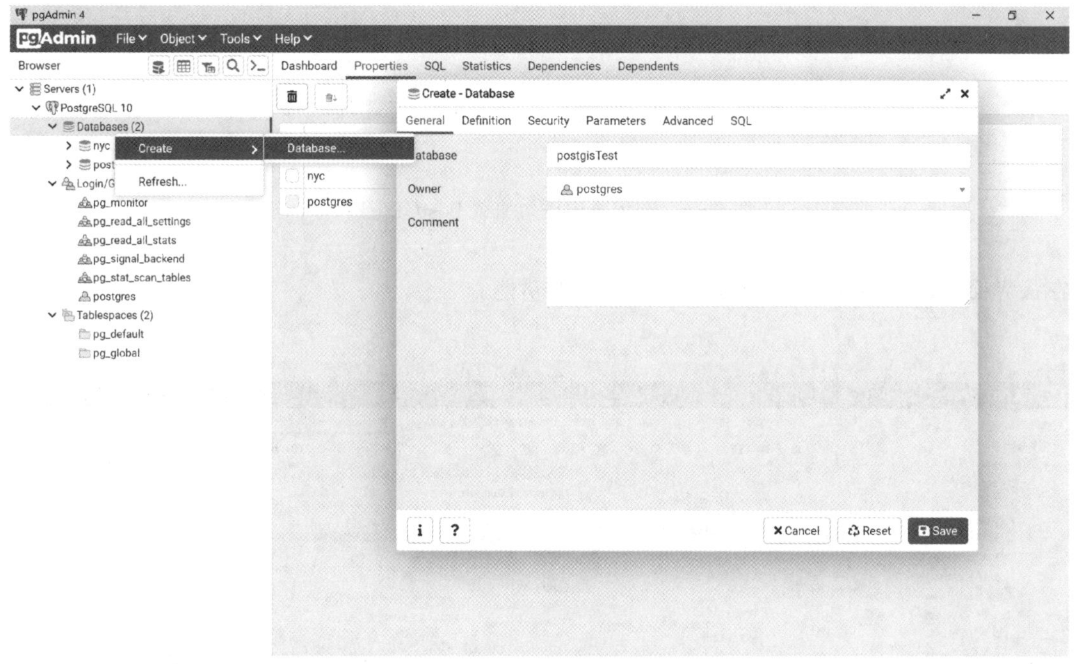

图 6－5　pgAdmin 创建数据库界面

接着，在上述界面中输入数据库名称，指定拥有者等信息后，点击“Save”按钮，即可创建数据库(图 6－5 中名称为“postgisTest”)。然后，为数据库 postgisTest 添加 PostGIS 插件，以便实现空间数据库管理功能。通常有两种方式可以加载 PostGIS 插件。第一种方式是在 pgAdmin 4 的查询工具中输入查询语句：“CREATE EXTENSION postgis;”，之后，执行该查询语句即可实现加载 PostGIS 插件功能。具体操作界面如图 6－6 所示。

第二种方式是通过图形化界面操作直接加载。在 pgAdmin 4 主界面中的 “Servers”面板中，鼠标点击展开 postgis－Test 数据库节点。在“Extensions”节点上，点击鼠标右键，在弹出菜单中选择“Create—Extension”，随即进入添加插件的图形化界面，如图 6－7 所示。

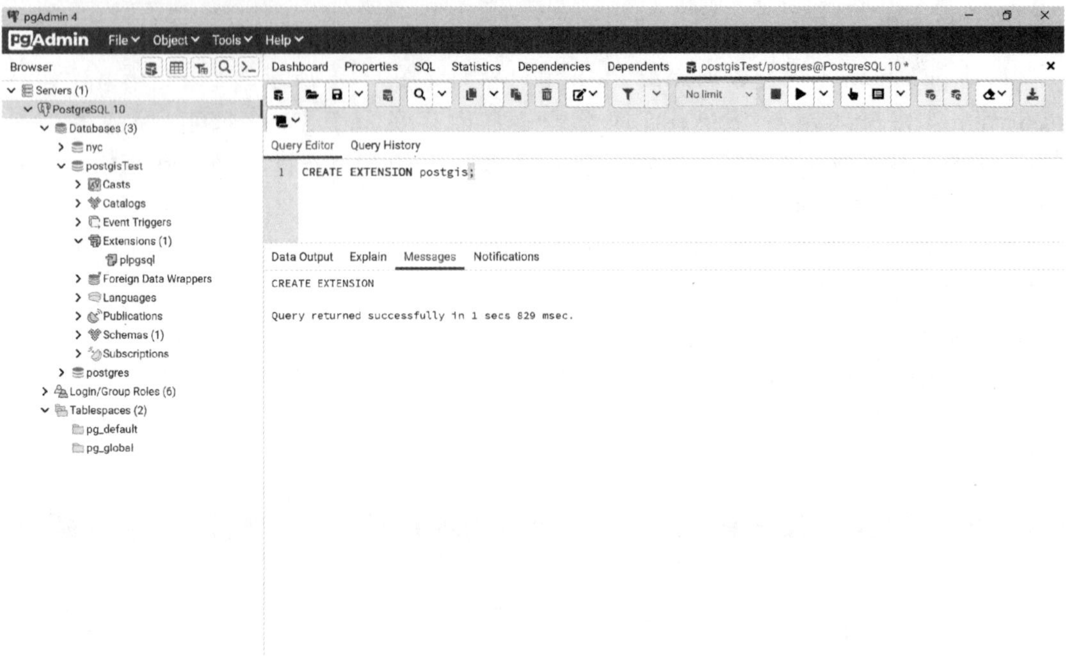

图 6－6　利用查询语句加载 PostGIS 插件

在该界面中选择 postgis 即可实现添加插件的功能。

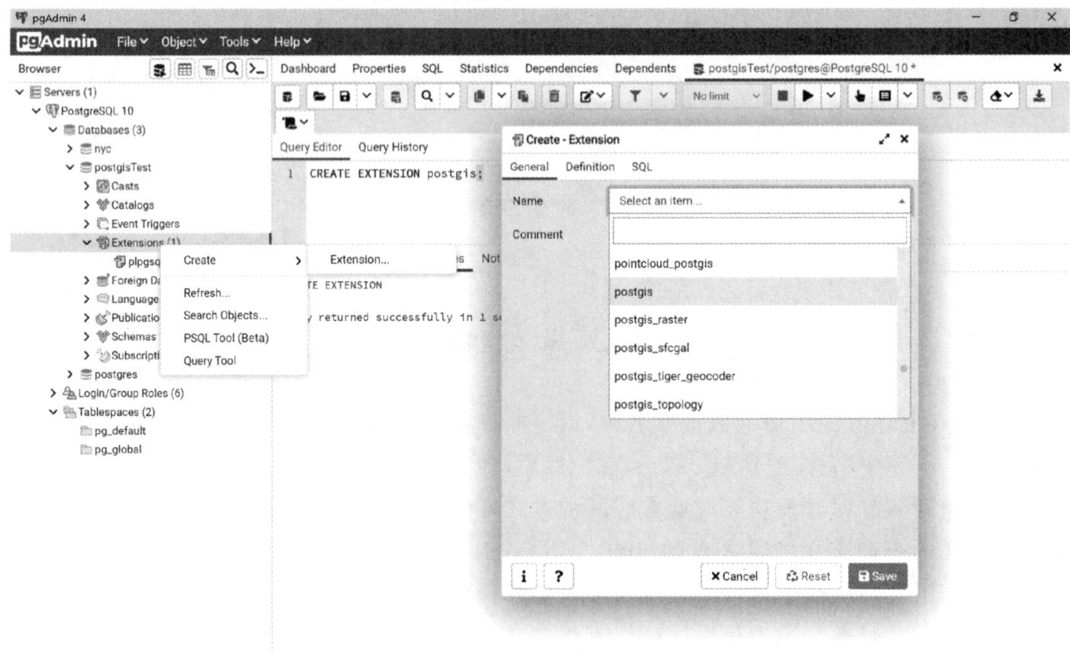

图 6－7　交互式加载 PostGIS 插件

(二)GeoServer 安装与配置

(1)首先,在 GeoServer 的官方网站主页上下载所需版本的软件包。通过浏览器打开网址 http://geoserver.org/,即可获取 GeoServer 的安装文件。本书使用的版本为 2.19.2,读者可以根据自己的需要下载对应版本的可执行程序文件或程序安装包。以本书写作时的稳定版本 2.20.1 下载为例进行介绍,在 GeoServer 主页中点击"2.20.1"按钮,进入下载页面,如图 6-8 所示。选择"Platform Independent Binary"即可下载可执行程序文件,选择"Windows Installer"即可下载针对 Windows 平台的安装包。读者如果对 Java 环境配置较为熟悉,则可以下载前者使用,也可以下载 Windows 安装包,简化环境配置过程。

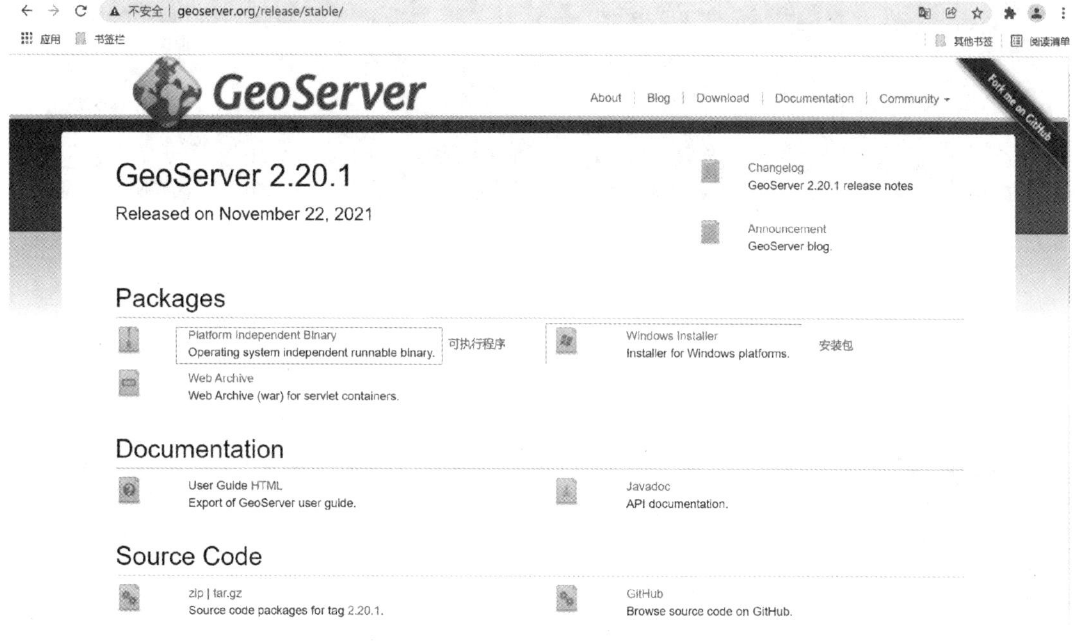

图 6-8 GeoServer 下载页面

(2)解压缩下载的文件包(例如作者下载的 geoserver-2.19.2-bin.zip),在解压缩得到的文件夹中的 bin 目录中,双击运行 startup.bat,启动 GeoServer 应用程序。具体界面如图 6-9所示。

在浏览器中访问 http://localhost:8080/geoserver/web/,即可进入 GeoServer 服务页面。如能成功看到如图 6-10 所示的页面,则表明 GeoServer 服务启动成功。

在该页面中输入用户名和密码,登录成功后即可进入 GeoServer 服务器管理页面,具体页面如图 6-11 所示。

图 6-9 启动 GeoServer 应用程序界面

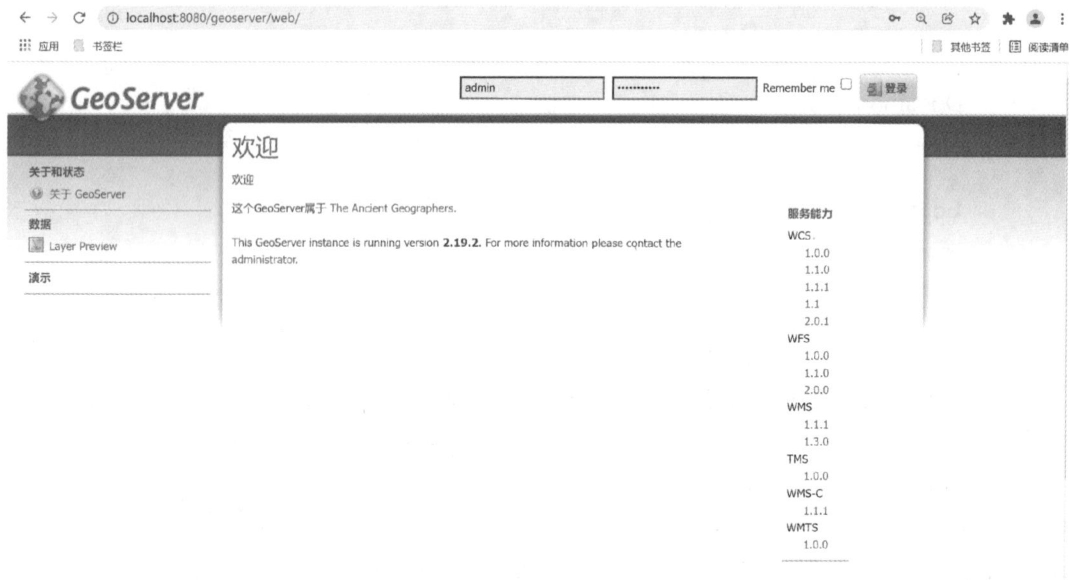

图 6-10 访问 GeoServer 服务器页面

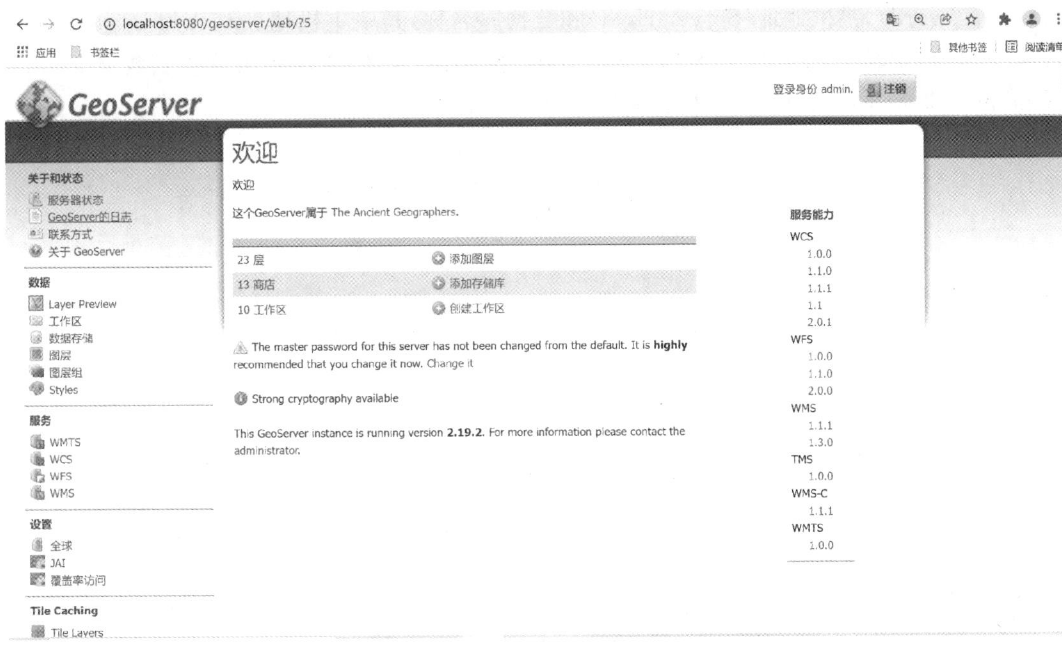

图 6－11　GeoServer 服务器登录成功后页面

第二节　基于 PostGIS 的空间数据创建

启动 pgAdmin 4 程序后，点开左侧数据库(databases)的树结构选项，查看可用的数据库。其中，postgres 数据库是默认的 postgres 用户所属的用户数据库。鼠标右键点击数据库节点，并选择新建数据库。在弹出的向导窗体中输入要创建数据库的信息后，即可创建一个空间数据库(以前文所述的 postgis Test为例)。

新建空间数据表的方式主要有两种。第一种是导入外部的文件数据(如 shape 文件)。在 PostGIS 程序菜单中找到“Shapefile and DBF Loader Exporter”，运行该程序后，即可进入文件导入导出界面，如图 6－12 所示。

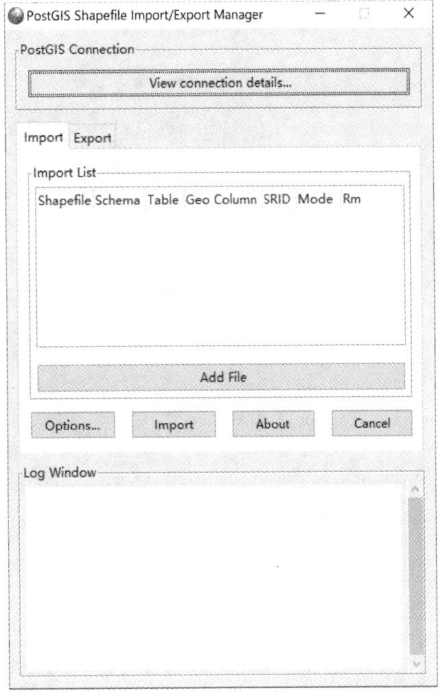

图 6－12　PostGIS 导入文件

首先准备一个 shape 文件，本书以成都市行政边界(chengdu. shp)为例。在图 6－12 所示的窗体中点击“View connection details”，随即弹出 PostGIS 连接窗体，具体如图 6－13 所示。

在连接窗体中输入要连接的用户名(Username)、

密码(Password)、主机地址(Server Host)和数据库名称，其中主机地址默认为 localhost，端口为 5432；确保输入的信息正确后，点击“OK”按钮后，会在导入导出管理器窗体的 Log Window 中提示连接成功，具体界面如图 6－14 所示。

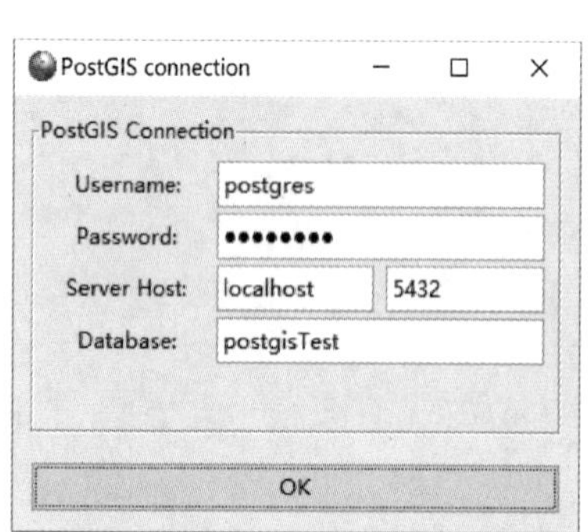

图 6－13　PostGIS 连接窗体

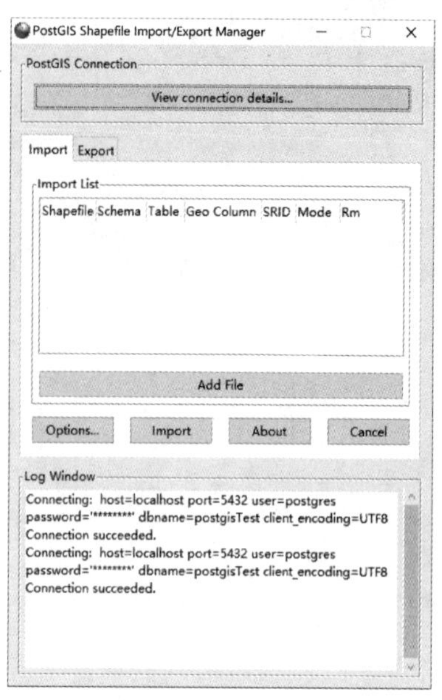

图 6－14　PostGIS 连接成功

服务器连接成功后，点击“Add File”按钮，弹出添加文件对话框，界面如图 6－15 所示。

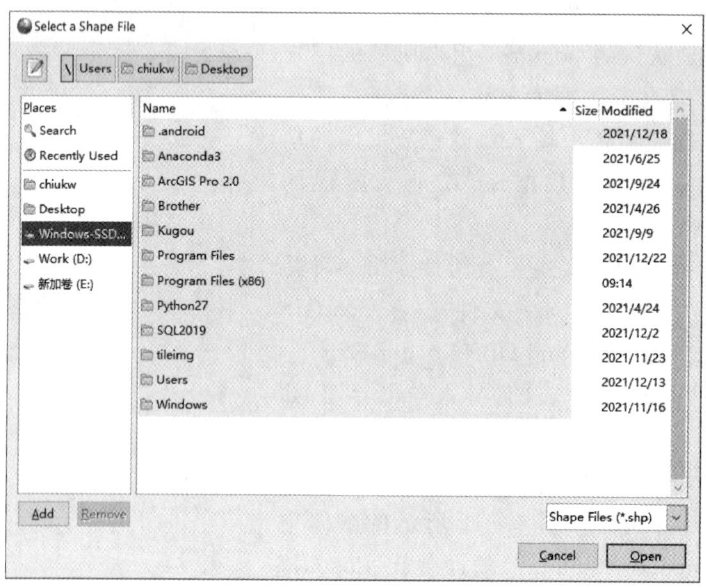

图 6－15　PostGIS 添加文件窗体

通过鼠标选择磁盘上的 shape 文件后，该文件随即出现在 import list 中。选中该条记录，点击“Import”按钮，即可将 shape 文件导入到 PostGIS 数据库中。导入成功的界面如图 6－16所示。

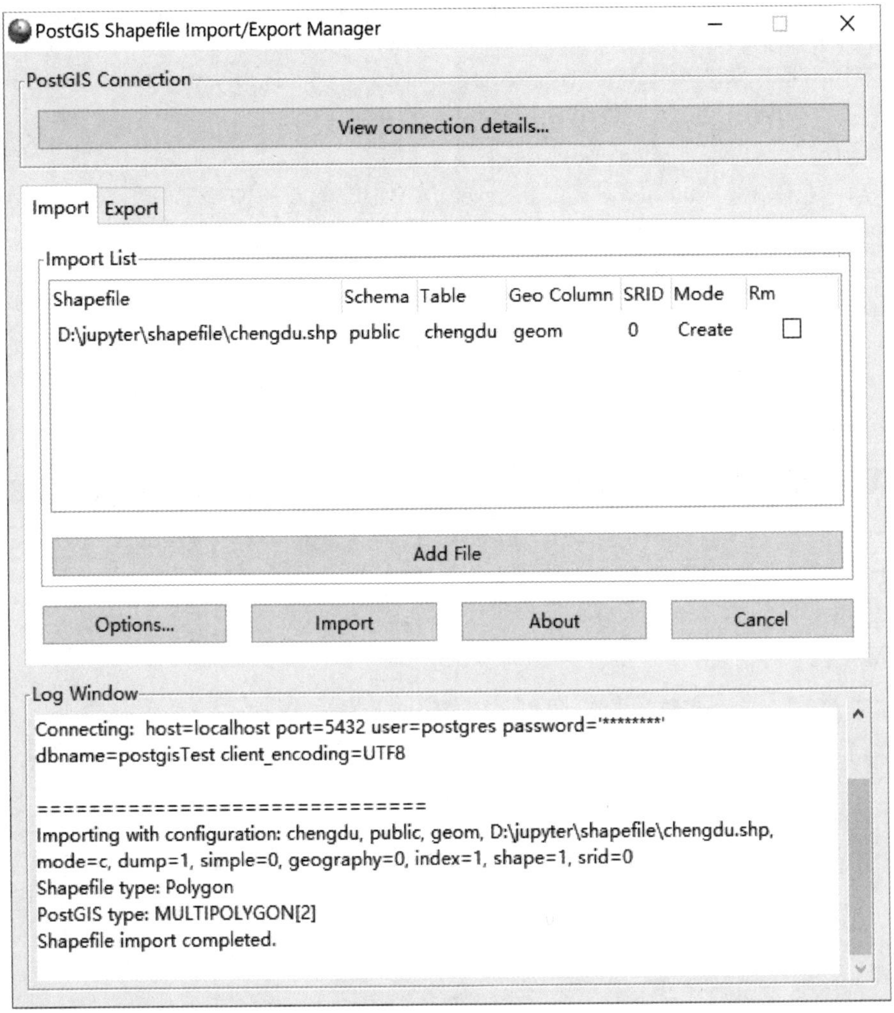

图 6－16　PostGIS 文件导入成功后界面

在 pgAdmin 4 中可以查看导入到数据库中的表格，具体界面如图 6－17 所示。

第二种是利用脚本直接创建几何要素。详细教程可以参考 https://zhuanlan.zhihu.com/p/73870146。其中，创建纽约市建筑物要素的 SQL 文本的部分内容如下：

```
BEGIN;
CREATE TABLE "nyc_buildings"(gid serial PRIMARY KEY,
"bin"int8);
SELECT AddGeometryColumn('','nyc_buildings','the_geom','2908','MULTIPOLYGON',2);
```

```
INSERT INTO"nyc_buildings"("bin",the_geom)VALUES ('0','SRID=2908;010600000001000000010
3000000010000000D0000006F1283001F2A2E41508D976E238009416F128300FC292E419EEFA
7C671800941
1B2FDD64D2292E41736891EDCE
800941B29DEF672F2A2E411F85EB516B83094121B07228592A2E41B6F3
FDD40D8309412B871699832A2E412B8716D9AE8209416891ED3C5D2A2E41F6285C8FA08109415C8
FC275512A2E415C8FC2F5BA810941C1CAA105352A2E41295C8FC2EF800941273108EC412A2E41C
FF753E3D2800941A4703D8A2E2A2E410AD7A37047800941F6285C0F272A2E4100000000128009416
F1283001F2A2E41508D976E23800941');
INSERT INTO "nyc_buildings"("bin",the_geom)VALUES ('0','SRID=2908;0106000000010000000l
0300000001000000070000052B81E8543142E41D7A3703DE2920941F4FDD4B853142E415A643BDF58
930941C520B0B221152E41A245B6F396910941A8C64B3704152E415EBA490CBF900941333333F3C914
2E41D34D6210158F09410E2DB25DFC132E415C8FC2F5DF90094152B81E8543142E41D7A3703DE292
0941');
...
END;
```

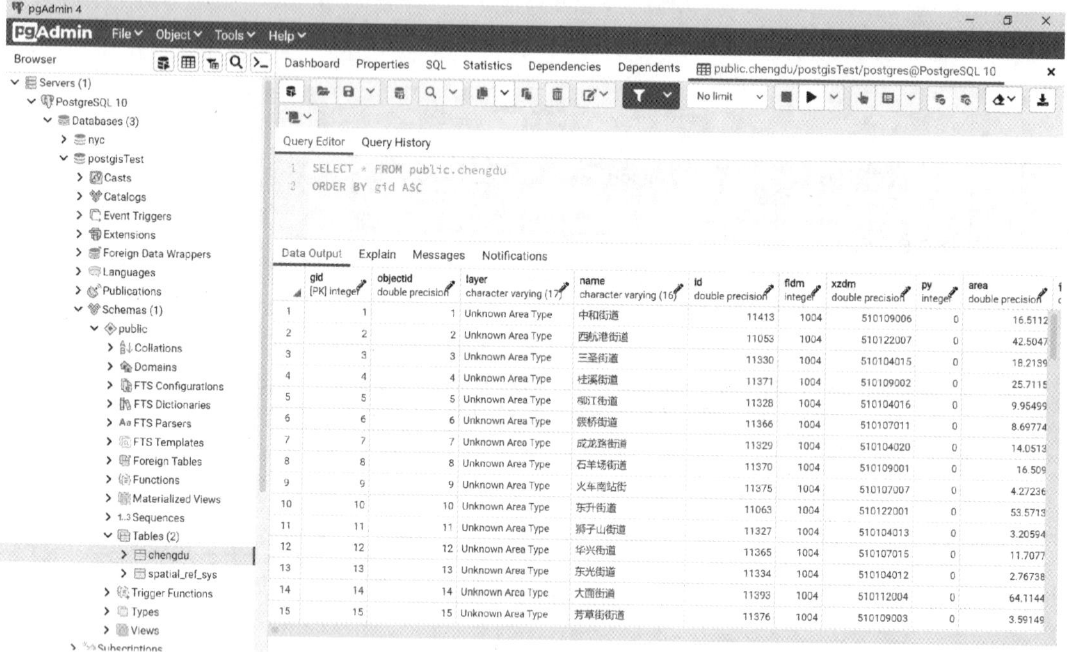

图 6 - 17　pgAdmin 4 中查看导入数据

从前文知乎网页中的百度网盘中下载并解压 nyc_buildings. zip，然后将 nyc_buildings. sql 复制到 SQL 编辑器中执行，完毕后将在数据库中创建一个表格 nyc_buildings。在 pgAdmin 4 中可以查看导入到数据库中的表格，具体界面如图 6 - 18 所示。

利用 PostGIS 进行空间数据的查询、编辑等操作，主要是通过内置的命令进行。例如，从全球气象数据网站中下载了平均气温数据（TIF 格式），并利用 PostGIS 将其导入到数据

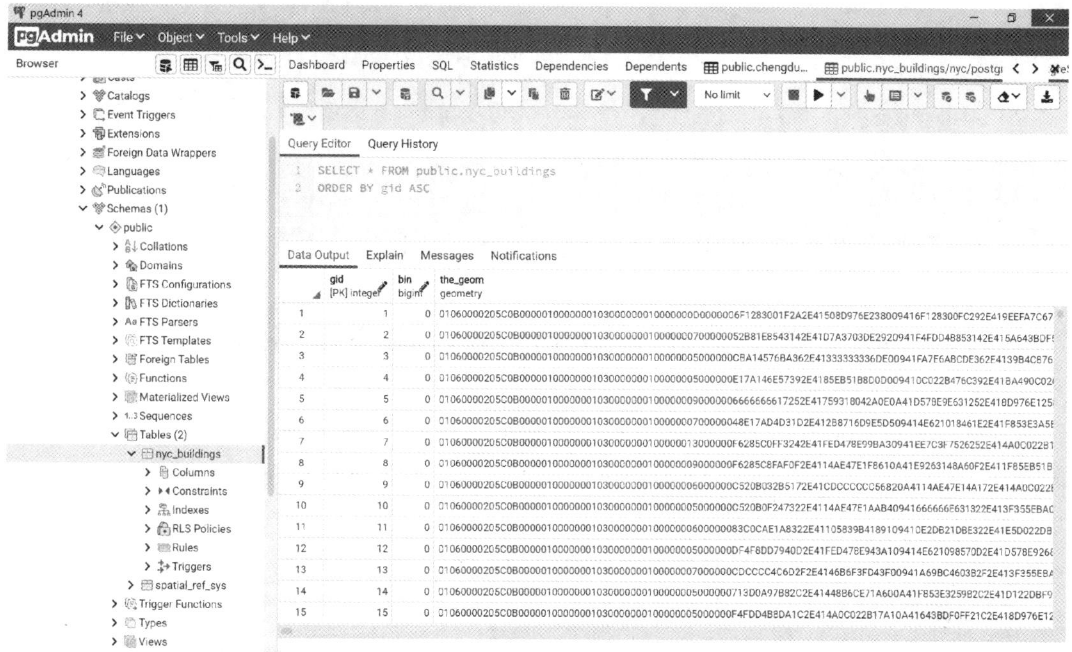

图 6－18　nyc_buildings 表格的内容

库中。平均气温数据的坐标系是 WGS84 坐标系，像元大小为 3600m×3600m。全球气象数据网站的网址为 https://www.worldclim.org/data/index.html。查询指定经纬度范围内给定月份的气温的 SQL 语句为：

```
SELECT ST_Union(ST_Clip(rast,geom))AS rast
FROM
staging.tmean_19
CROSS JOIN
ST_MakeEnvelope(3.87,73.67,53.55,135.05,4326)As geom
WHERE ST_Intersects(rast,geom)AND month=1;
```

上述查询语句中，ST_MakeEnvelope()函数用于构造一个矩形范围，其参数分别是最小 *X* 值、最小 *Y* 值、最大 *X* 值、最大 *Y* 值和坐标系代码（EPSG4326 对应的是 WGS84）；ST_Intersects()函数用于选择出与 geom 矩形相交的栅格 Tiles；ST_Clip()函数用于将选择出来的 Tiles 进行裁剪，得到 geom 范围的数据；ST_Union()函数用于聚合选择出来的数据为一个整体。上述 SQL 语句返回的结果是删格类型的数据，如果想要将结果导出为 TIFF 格式的数据，则 SQL 代码如下：

```
SELECT ST_AsTIFF(rast,'LZW')
FROM (
SELECT ST_Union(ST_Clip(rast,geom))AS rast
FROM
```

```
staging.tmean_19
CROSS JOIN
ST_MakeEnvelope(97.51,37.28,111.55,50.52,4326)As geom
WHERE month=1 AND ST_Intersects(rast,geom)
)AS rasttiff;
```

更多细节请读者自行查阅 PostGIS 的官方文档。限于篇幅，本书不对此进行详细阐述。

第三节　基于 GeoServer 的地图服务发布

本节以发布 chengdu.shp 数据为例进行介绍。启动 GeoServer 服务后，在浏览器中访问 http://localhost:8080/geoserver/web/，输入管理员账号和密码后，进入 GeoServer 的管理页面。

创建一个工作区 pgTest，具体界面如图 6 - 19 所示。

图 6 - 19　在 GeoServer 中创建工作区

在数据存储节点中添加新数据源。在新建数据源界面，点击“PostGIS”，网页跳转到如图 6 - 20 所示的界面。在“工作区”下拉列表框中选择“pgTest”，在“数据源名称”中输入“chengdu”。

指定 PostGIS 数据源的连接参数，最后点击“保存”。具体界面如图 6 - 21 所示。

图 6-20　在 GeoServer 中新建 PostGIS 数据源

localhost:8080/geoserver/web/wicket/bookmarkable/org.geoserver.web.data.store.DataAcces
应用 书签栏
服务
WMTS
WCS
WFS
WMS
设置
全球
JAI
覆盖率访问
Tile Caching
Tile Layers
Caching Defaults
Gridsets
Disk Quota
BlobStores
Security
Settings
Authentication
Passwords
Users, Groups, Roles
Data
Services
演示
工具
连接参数
host *
localhost
port *
5432
database
postgisTest
schema
public
user *
postgres
passwd
••••••••
命名空间 *
http://localhost:8080/geoserver/pgTest
Expose primary keys
max connections
10
min connections
1
fetch size
1000
Batch insert size
1
保存 Apply 取消

图 6-21　PostGIS 数据源的连接参数页面

在图层页面中，点击“添加新的资源”用来发布图层。在下拉列表中选择“pgTest：chengdu”，图层 chengdu 随即出现在下方图层列表中。点击其右边的“发布”按钮，即可将该图层发布为地图服务。在编辑图层的“摘要”中输入“成都市行政边界”，依次点击“从数据中计算”和“Compute from native bounds”来生成图层的 bounding box，最后点击页面下方的“保存”。具体操作界面如图 6 - 22 所示。

localhost:8080/geoserver/web/wicket/bookmarkable/org.geoserver.web.data.resource.ResourceConfigurationPage?89&name=chengdu...

应用　书签栏

坐标参考系统

本机SRS

定义SRS

EPSG:404000　查找...　Wildcard 2D cartesian plane in metric unit...

SRS处理

强制声明

边框

Native Bounding Box

最小 X	最小 Y	最大 X	最大 Y
103.848808288574	30.5045604705810	104.296569824218	30.8095703125

从数据中计算

Compute from SRS bounds

纬度/经度边框

最小 X	最小 Y	最大 X	最大 Y
103.848808288574	30.5045604705810	104.296569824218	30.8095703125

Compute from native bounds

Curved geometries control

Linear geometries can contain circular arcs

Linearization tolerance (useful only if your data contains curved geometries)

要素类型

保存　Apply　取消

图 6 - 22　在 GeoServer 中发布图层

在 Layer Preview 中找到“pgTest：chengdu”，然后点击旁边的“OpenLayers”，即可预览到刚才发布的图层。具体效果如图 6 - 23 所示。

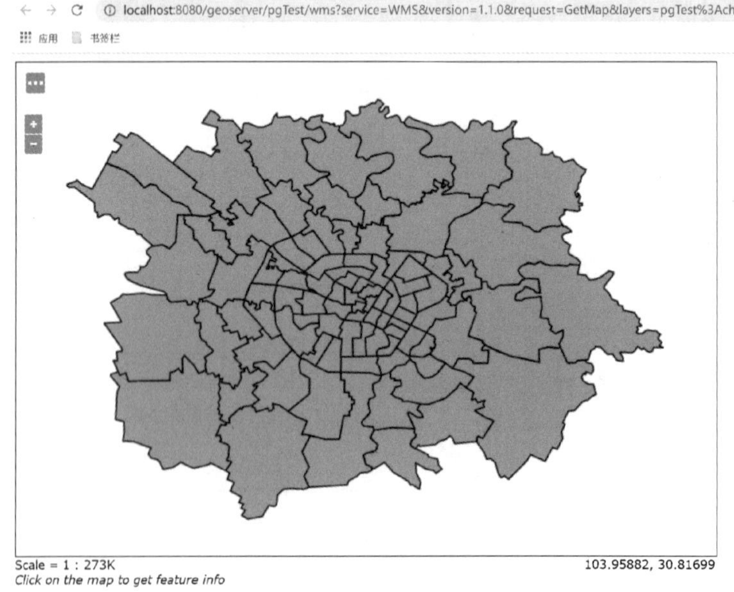

图 6 - 23　在 GeoServer 中预览图层

至此，利用 GeoServer 发布 GIS 数据的基本流程就已经阐述完毕。发布其他类型数据的总体流程较为类似，此处不再赘述。

第四节　基于 GeoServer 和 OpenLayers 的地图应用开发

基于 OpenLayers 的 WebGIS 应用开发知识在前文中已经有过详细介绍。由于 GeoServer内置的前端开发库就是 OpenLayers，因此本节重点介绍利用 OpenLayers 加载 GeoServer 发布的地图服务以及进行查询等常见 GIS 功能。

一、加载 GeoServer 发布的 WMS 服务

利用 OpenLayers 加载 GeoServer 发布的地图服务有一个快捷的开发方式。在本章第三节的 GeoServer 中预览图层 chengdu 的页面，鼠标右键选择查看网页源代码，如图 6 - 24 所示。在该页面中可以找到显示 GeoServer 地图服务的 js 源代码。从源代码中可以看出，OpenLayers加载 GeoServer 发布的 WMS 地图服务有两种方式，一种是 image，另一种是 title。title 的 visible 属性默认为 false，即不显示。

```
view-source:localhost:8080/geoserver/pgTest/wms?service=WMS&version=1
应用　书签栏

var mousePositionControl = new ol.control.MousePosition({
  className: 'custom-mouse-position',
  target: document.getElementById('location'),
  coordinateFormat: ol.coordinate.createStringXY(5),
  undefinedHTML: ' '
});
var untiled = new ol.layer.Image({
  source: new ol.source.ImageWMS({
    ratio: 1,
    url: 'http://localhost:8080/geoserver/pgTest/wms',
    params: {'FORMAT': format,
             'VERSION': '1.1.1',
          "STYLES": '',
          "LAYERS": 'pgTest:chengdu',
          "exceptions": 'application/vnd.ogc.se_inimage',
    }
  })
});
var tiled = new ol.layer.Tile({
  visible: false,
  source: new ol.source.TileWMS({
    url: 'http://localhost:8080/geoserver/pgTest/wms',
    params: {'FORMAT': format,
             'VERSION': '1.1.1',
             tiled: true,
          "STYLES": '',
          "LAYERS": 'pgTest:chengdu',
          "exceptions": 'application/vnd.ogc.se_inimage',
       tilesOrigin: 103.84880828857422 + "," + 30.504560470581055
    }
  })
});
var projection = new ol.proj.Projection({
    code: 'EPSG:404000',
    units: 'degrees',
    global: false
});
var map = new ol.Map({
```

图 6 - 24　图层 chengdu 服务预览网页的源代码

结合第五章的代码实现过程，创建 HTML 页面，引入 ol 类库，定义样式，从图 6－24 所示的源代码页面中复制相应代码，构建一个简易的地图应用页面，其功能是利用 OpenLayers 加载 GeoServer 发布的地图服务（WMS 类型）。完整的源代码如下，其中带下画线的代码是从 GeoServer 图层预览页源代码中复制而来的。

```
<! DOCTYPE html>
<html lang="en">
<head>
    <meta charset="UTF-8">
    <meta name="viewport"content="width=device-width,initial-scale=1.0">
    <meta http-equiv="X-UA-Compatible"content="ie=edge">
    <title>利用 OpenLayers 发布 GeoServer 地图服务</title>
    <link rel="stylesheet"href="../v6.10.0/css/ol.css"/>
    <script src="../v6.10.0/build/ol.js"></script>
    <style>
      html,body {
            height:100%;
            margin:0;
      }
      #map {
            width:100%;
            height:100%;
      }
    </style>
</head>
<body>
    <div id="map"></div>
    <script type="text/javascript">
      var format='image/png';
      var bounds=[103.84880828857422,30.504560470581055,
                  104.29656982421875,30.8095703125];
                  var untiled=new ol.layer.Image({
      source:new ol.source.ImageWMS({
            ratio:1,
            url:'http://localhost:8080/geoserver/pgTest/wms',
            params:{'FORMAT':format,
                  'VERSION':'1.1.1',
                "STYLES":'',
                "LAYERS":'pgTest:chengdu',
                "exceptions":'application/vnd.ogc.se_inimage',
```

```
            }
          })
        });
        var tiled=new ol.layer.Tile({
          visible:false,
          source:new ol.source.TileWMS({
            url:'http://localhost:8080/geoserver/pgTest/wms',
            params:{'FORMAT':format,
                    'VERSION':'1.1.1',
                      tiled:true,
                    "STYLES":'',
                    "LAYERS":'pgTest:chengdu',
                    "exceptions":'application/vnd.ogc.se_inimage',
                tilesOrigin:103.84880828857422+","+30.504560470581055
            }
          })
        });
        var projection=new ol.proj.Projection({
            code:'EPSG:404000',
            units:'degrees',
            global:false
        });
        var map=new ol.Map({
          controls:ol.control.defaults({
            attribution:false
          }),
          target:'map',
          layers:[
            untiled,
            tiled
          ],
          view:new ol.View({
              projection:projection
          })
        });
      map.getView().fit(bounds,map.getSize());
    </script>
</body>
</html>
```

网页程序的运行结果如图 6-25 所示。

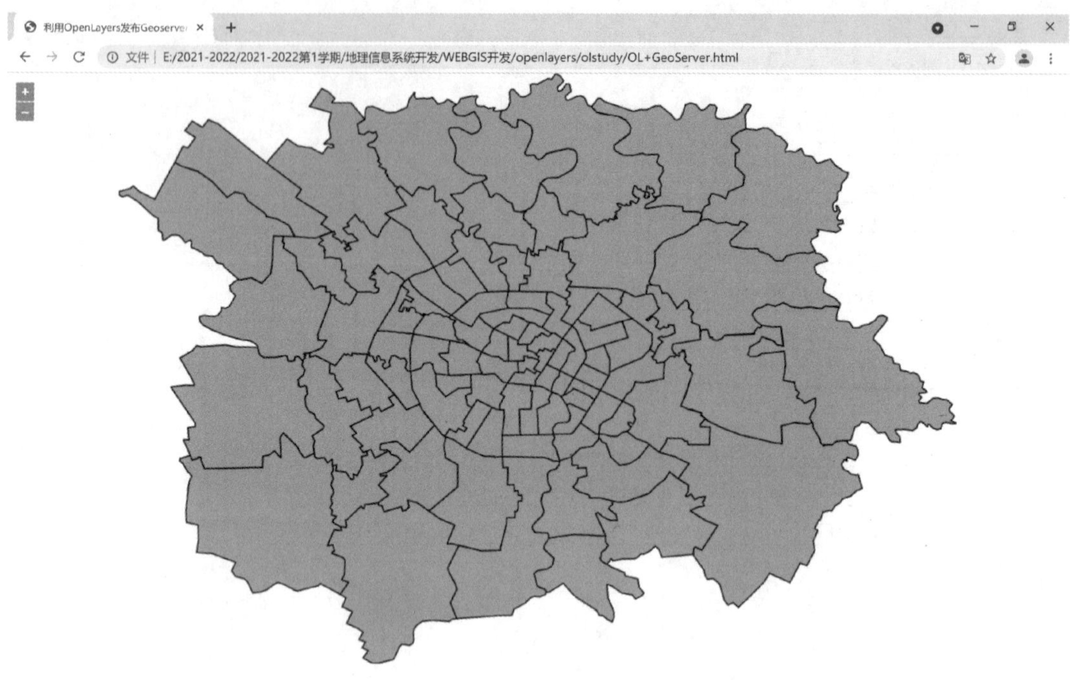

图 6-25　利用 GeoServer 和 OpenLayers 的成都市地图服务发布效果图

二、地图要素查询

(一)点击查询功能

OpenLayers 支持通过 WMS 的 getGetFeatureInfoUrl()方法来实现地图上的点击查询(类似于 ArcMap 中的 identify 功能)。具体实现思路为:首先定义一个 div 对象来显示查询结果;然后为地图对象添加鼠标单击(single click)事件及其响应函数;接着在响应函数内获取图层数据源,调用数据源对象的 getGetFeatureInfoUrl()方法获取所选中对象的属性信息;最后利用 document 对象的 getElementById()方法将查询结果显示在 div 对象中。响应函数的示范代码为:

```
map.on('singleclick',function(evt){
        document.getElementById('nodelist').innerHTML="Loading... please wait...";
        var view=map.getView();
        var viewResolution=view.getResolution();
        var source=untiled.get('visible')? untiled.getSource():tiled.getSource();
        var url=source.getGetFeatureInfoUrl(
          evt.coordinate,viewResolution,view.getProjection(),
          {'INFO_FORMAT':'text/html','FEATURE_COUNT':50});
```

```
        if(url){
          document.getElementById('nodelist').innerHTML='<iframe seamless src="'+url+'">
          </iframe>';
        }
    });
```

(二)条件查询功能

OpenLayers 支持利用通用查询语言(common query language,CQL)、OGC 标准过滤器等进行查询。CQL 是以 OGC 为目录 Web 服务规范创建的查询语言,不像基于 XML 的编码语言,CQL 使用我们更熟悉的文本语法编写,具有更好的可读性和适应性。条件查询功能的实现流程如下:首先,定义查询过滤器类型(CQL、OGC 等)filterType;然后,设置查询条件 filterParams;最后,调用图层对象 lyr 的 getSource( )方法获取数据源,并调用 updateParams(filterParams)来获取查询结果。参考官网示例,实现针对 3 种过滤条件(CQL、OGC、FeatureID)的查询功能代码如下:

```
function updateFilter(){
        if (! supportsFiltering){
          return;
        }
        var filterType=document.getElementById('filterType').value;
        var filter=document.getElementById('filter').value;
        // by default,reset all filters
        var filterParams={
        'FILTER':null,
        'CQL_FILTER':null,
        'FEATUREID':null
        };
        if (filter.replace(/^\s\s*/,'').replace(/\s\s*$/,'')! =""){
          if (filterType=="cql"){
            filterParams["CQL_FILTER"]=filter;
          }
          if (filterType=="ogc"){
            filterParams["FILTER"]=filter;
          }
          if (filterType=="fid")
            filterParams["FEATUREID"]=filter;
          }
          // merge the new filter definitions
```

```
        map. getLayers(). forEach(function(lyr){
          lyr. getSource(). updateParams(filterParams);
        });
      }
```

参考 OpenLayers 教程，实现 CQL、OGC 和 FeatureID 3 种条件查询功能。完整的网页文件（OL＋Geosver 查询. html）代码如下：

```
<! doctype html>
<html lang="en">
  <head>
    <meta charset="UTF-8">
    <link rel="stylesheet"href="../v6.10.0/css/ol.css"/>
    <script src="../v6.10.0/build/ol.js"></script>
    <style>
      html,body {
                height:100%;
                margin:0;
      }
      #map {
          clear:both;
          position:relative;
          width:768px;
          height:523px;
          border:1px solid black;
      }
      .ol-zoom {
        top:52px;
      }
      .ol-toggle-options {
        z-index:1000;
        background:rgba(255,255,255,0.4);
        border-radius:4px;
        padding:2px;
        position:absolute;
        left:8px;
        top:8px;
      }
      #updateFilterButton,#resetFilterButton {
        height:22px;
```

```
    width:22px;
    text-align:center;
    text-decoration:none ! important;
    line-height:22px;
    margin:1px;
    font-family:'Lucida Grande',Verdana,Geneva,Lucida,Arial,Helvetica,sans-serif;
    font-weight:bold ! important;
    background:rgba(0,60,136,0.5);
    color:white ! important;
    padding:2px;
  }
  .ol-toggle-options a {
    background:rgba(0,60,136,0.5);
    color:white;
    display:block;
    font-family:'Lucida Grande',Verdana,Geneva,Lucida,Arial,Helvetica,sans-serif;
    font-size:19px;
    font-weight:bold;
    height:22px;
    line-height:11px;
    margin:1px;
    padding:0;
    text-align:center;
    text-decoration:none;
    width:22px;
    border-radius:2px;
  }
  .ol-toggle-options a:hover {
    color:#fff;
    text-decoration:none;
    background:rgba(0,60,136,0.7);
  }
  body {
      font-family:Verdana,Geneva,Arial,Helvetica,sans-serif;
      font-size:small;
  }
  iframe {
      width:100%;
      height:250px;
      border:none;
```

```
}
/* Toolbar styles */
#toolbar {
    position:relative;
    padding-bottom:0.5em;
}
#toolbar ul {
    list-style:none;
    padding:0;
    margin:0;
}
#toolbar ul li {
    float:left;
    padding-right:1em;
    padding-bottom:0.5em;
}
#toolbar ul li a {
    font-weight:bold;
    font-size:smaller;
    vertical-align:middle;
    color:black;
    text-decoration:none;
}
#toolbar ul li a:hover {
    text-decoration:underline;
}
#toolbar ul li * {
    vertical-align:middle;
}
#wrapper {
    width:768px;
}
#location {
    float:right;
}
/* Styles used by the default GetFeatureInfo output,added to make IE happy */
table.featureInfo,table.featureInfo td,table.featureInfo th {
    border:1px solid #ddd;
    border-collapse:collapse;
    margin:0;
```

```
            padding:0;
            font-size:90%;
            padding:.2em .1em;
        }
        table.featureInfo th {
            padding:.2em .2em;
            font-weight:bold;
            background:#eee;
        }
        table.featureInfo td {
            background:#fff;
        }
        table.featureInfo tr.odd td {
            background:#eee;
        }
        table.featureInfo caption {
            text-align:left;
            font-size:100%;
            font-weight:bold;
            padding:.2em .2em;
        }
    </style>
    <title>OpenLayers 查询功能</title>
</head>
<body>
    <div id="toolbar"style="display:none;">
      <ul>
        <li>
          <a>WMS version:</a>
          <select id="wmsVersionSelector"onchange="setWMSVersion(value)">
            <option value="1.1.1">1.1.1</option>
            <option value="1.3.0">1.3.0</option>
          </select>
        </li>
        <li>
          <a>Tiling:</a>
          <select id="tilingModeSelector"onchange="setTileMode(value)">
            <option value="untiled">Single tile</option>
            <option value="tiled">Tiled</option>
```

```
        </select>
      </li>
      <li>
        <a>Antialias:</a>
        <select id="antialiasSelector"onchange="setAntialiasMode(value)">
          <option value="full">Full</option>
          <option value="text">Text only</option>
          <option value="none">Disabled</option>
        </select>
      </li>
      <li>
        <a>Format:</a>
        <select id="imageFormatSelector"onchange="setImageFormat(value)">
          <option value="image/png">PNG 24bit</option>
          <option value="image/png8">PNG 8bit</option>
          <option value="image/gif">GIF</option>
          <option id="jpeg"value="image/jpeg">JPEG</option>
          <option id="jpeg-png"value="image/vnd.jpeg-png">JPEG-PNG</option>
          <option id="jpeg-png8"value="image/vnd.jpeg-png8">JPEG-PNG8</option>
        </select>
      </li>
      <li>
        <a>Styles:</a>
        <select id="imageFormatSelector"onchange="setStyle(value)">
          <option value="">Default</option>
        </select>
      </li>
      <li>
        <a>Width/Height:</a>
        <select id="widthSelector"onchange="setWidth(value)">
            <option value="auto">Auto</option>
            <option value="600">600</option>
            <option value="750">750</option>
            <option value="950">950</option>
            <option value="1000">1000</option>
            <option value="1200">1200</option>
            <option value="1400">1400</option>
            <option value="1600">1600</option>
            <option value="1900">1900</option>
          </select>
```

```
        <select id="heigthSelector"onchange="setHeight(value)">
            <option value="auto">Auto</option>
            <option value="300">300</option>
            <option value="400">400</option>
            <option value="500">500</option>
            <option value="600">600</option>
            <option value="700">700</option>
            <option value="800">800</option>
            <option value="900">900</option>
            <option value="1000">1000</option>
        </select>
      </li>
      <li>
        <a>Filter:</a>
        <select id="filterType">
          <option value="cql">CQL</option>
          <option value="ogc">OGC</option>
          <option value="fid">FeatureID</option>
        </select>
        <input type="text"size="80"id="filter"/>
        <a id="updateFilterButton"href="#"onClick="updateFilter()"title="Apply filter">
        Apply</a>
        <a id="resetFilterButton"href="#"onClick="resetFilter()"title="Reset filter">Reset
        </a>
      </li>
    </ul>
  </div>
<div id="map">
  <div class="ol-toggle-options ol-unselectable"><a title="Toggle options toolbar"onClick
  ="toggleControlPanel()"href="#toggle">...</a></div>
</div>
<div id="wrapper">
  <div id="location"></div>
  <div id="scale">
</div>
<div id="nodelist">
  <em>Click on the map to get feature info</em>
</div>
<script type="text/javascript">
```

```
var pureCoverage=false;
// if this is just a coverage or a group of them,disable a few items,
// and default to jpeg format
var format='image/png';
var bounds=[103.84880828857422,30.504560470581055,
            104.29656982421875,30.8095703125];
if (pureCoverage){
  document.getElementById('antialiasSelector').disabled=true;
  document.getElementById('jpeg').selected=true;
  format="image/jpeg";
}
var supportsFiltering=true;
if (! supportsFiltering){
  document.getElementById('filterType').disabled=true;
  document.getElementById('filter').disabled=true;
  document.getElementById('updateFilterButton').disabled=true;
  document.getElementById('resetFilterButton').disabled=true;
}
var mousePositionControl=new ol.control.MousePosition({
  className:'custom-mouse-position',
  target:document.getElementById('location'),
  coordinateFormat:ol.coordinate.createStringXY(5),
  undefinedHTML:' '
});
var untiled=new ol.layer.Image({
  source:new ol.source.ImageWMS({
    ratio:1,
    url:'http://localhost:8080/geoserver/pgTest/wms',
    params:{'FORMAT':format,
          'VERSION':'1.1.1',
        "STYLES":'',
        "LAYERS":'pgTest:chengdu',
        "exceptions":'application/vnd.ogc.se_inimage',
    }
  })
});
var tiled=new ol.layer.Tile({
  visible:false,
  source:new ol.source.TileWMS({
    url:'http://localhost:8080/geoserver/pgTest/wms',
```

```
    params:{'FORMAT':format,
            'VERSION':'1.1.1',
             tiled:true,
          "STYLES":",
          "LAYERS":'pgTest:chengdu',
          "exceptions":'application/vnd.ogc.se_inimage',
      tilesOrigin:103.84880828857422+","+30.504560470581055
    }
  })
});
var projection=new ol.proj.Projection({
    code:'EPSG:404000',
    units:'degrees',
    global:false
});
var map=new ol.Map({
  controls:ol.control.defaults({
    attribution:false
  }).extend([mousePositionControl]),
  target:'map',
  layers:[
    untiled,
    tiled
  ],
  view:new ol.View({
     projection:projection
  })
});
map.getView().on('change:resolution',function(evt){
  var resolution=evt.target.get('resolution');
  var units=map.getView().getProjection().getUnits();
  var dpi=25.4/0.28;
  var mpu=ol.proj.METERS_PER_UNIT[units];
  var scale=resolution * mpu * 39.37 * dpi;
  if (scale >=9500 && scale <=950000){
    scale=Math.round(scale/1000)+"K";
  }else if (scale >=950000){
    scale=Math.round(scale/1000000)+"M";
  }else {
```

```
        scale=Math.round(scale);
    }
    document.getElementById('scale').innerHTML="Scale=1 :"+scale;
});
map.getView().fit(bounds,map.getSize());
map.on('singleclick',function(evt){
    document.getElementById('nodelist').innerHTML="Loading... please wait...";
    var view=map.getView();
    var viewResolution=view.getResolution();
    var source=untiled.get('visible')? untiled.getSource():tiled.getSource();
    var url=source.getGetFeatureInfoUrl(
        evt.coordinate,viewResolution,view.getProjection(),
        {'INFO_FORMAT':'text/html','FEATURE_COUNT':50});
    if (url){
        document.getElementById('nodelist').innerHTML='<iframe seamless src="'+url+'"></
        iframe>';
    }
});
// sets the chosen WMS version
function setWMSVersion(wmsVersion){
    map.getLayers().forEach(function(lyr){
        lyr.getSource().updateParams({'VERSION':wmsVersion});
    });
    if(wmsVersion=="1.3.0"){
          origin=bounds[1]+','+bounds[0];
    }else {
          origin=bounds[0]+','+bounds[1];
    }
    tiled.getSource().updateParams({'tilesOrigin':origin});
}
// Tiling mode,can be 'tiled' or 'untiled'
function setTileMode(tilingMode){
    if (tilingMode=='tiled'){
        untiled.set('visible',false);
        tiled.set('visible',true);
    }else {
        tiled.set('visible',false);
        untiled.set('visible',true);
    }
}
```

```
function setAntialiasMode(mode){
  map.getLayers().forEach(function(lyr){
    lyr.getSource().updateParams({'FORMAT_OPTIONS':'antialias:'+mode});
  });
}
// changes the current tile format
function setImageFormat(mime){
  map.getLayers().forEach(function(lyr){
    lyr.getSource().updateParams({'FORMAT':mime});
  });
}
function setStyle(style){
  map.getLayers().forEach(function(lyr){
    lyr.getSource().updateParams({'STYLES':style});
  });
}
function setWidth(size){
  var mapDiv=document.getElementById('map');
  var wrapper=document.getElementById('wrapper');
  if (size=="auto"){
    // reset back to the default value
    mapDiv.style.width=null;
    wrapper.style.width=null;
  }
  else {
    mapDiv.style.width=size+"px";
    wrapper.style.width=size+"px";
  }
  // notify OL that we changed the size of the map div
  map.updateSize();
}
function setHeight(size){
  var mapDiv=document.getElementById('map');
  if (size=="auto"){
  // reset back to the default value
    mapDiv.style.height=null;
  }
  else {
    mapDiv.style.height=size+"px";
```

```
    }
    // notify OL that we changed the size of the map div
    map.updateSize();
  }
  function updateFilter(){
    if (! supportsFiltering){
      return;
    }
    var filterType=document.getElementById('filterType').value;
    var filter=document.getElementById('filter').value;
    // by default,reset all filters
    var filterParams={
      'FILTER':null,
      'CQL_FILTER':null,
      'FEATUREID':null
    };
    if (filter.replace(/^\s\s*/,'').replace(/\s\s*$/,'')! =""){
      if (filterType=="cql"){
        filterParams["CQL_FILTER"]=filter;
      }
      if (filterType=="ogc"){
        filterParams["FILTER"]=filter;
      }
      if (filterType=="fid")
        filterParams["FEATUREID"]=filter;
      }
      // merge the new filter definitions
      map.getLayers().forEach(function(lyr){
        lyr.getSource().updateParams(filterParams);
      });
    }
    function resetFilter(){
      if (! supportsFiltering){
        return;
      }
      document.getElementById('filter').value="";
      updateFilter();
    }
    // shows/hide the control panel
    function toggleControlPanel(){
```

```
        var toolbar=document.getElementById("toolbar");
        if (toolbar.style.display=="none"){
          toolbar.style.display="block";
        }
        else {
          toolbar.style.display="none";
        }
        map.updateSize()
      }
    </script>
  </body>
</html>
```

启动 GeoServer 服务器并确保图层 pgTest:chengdu 已成功发布为 WMS 地图服务，运行网页文件，效果如图 6-26 所示。

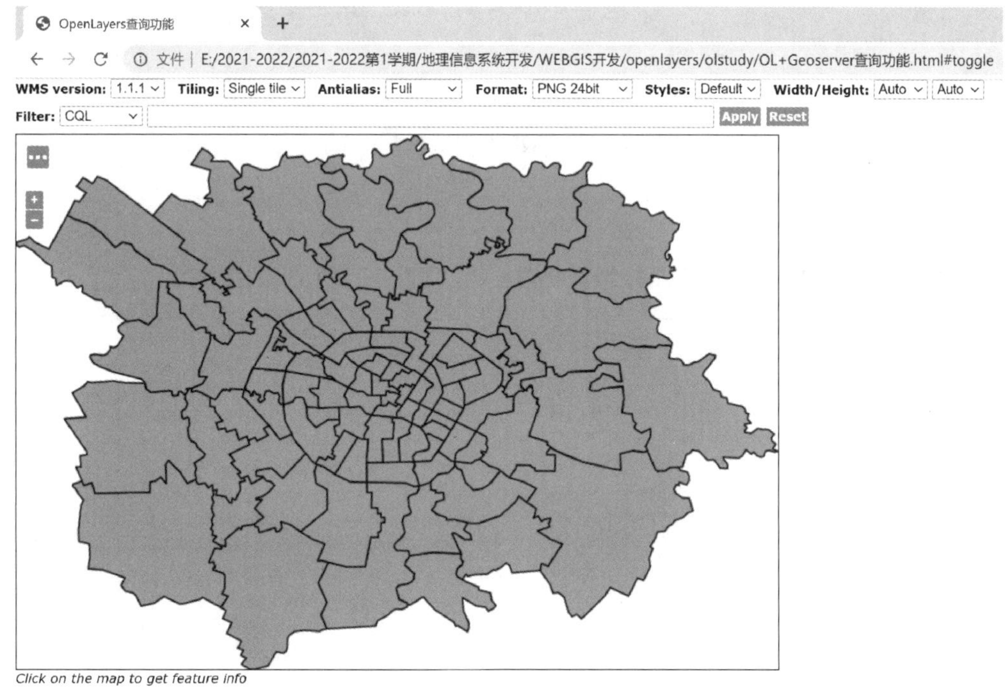

图 6-26　基于 GeoServer 和 OpenLayers 的条件查询页面

在页面中设置“Filter”为 CQL，在文本框中输入查询条件“name='十陵街道'”，点击“Apply”按钮，查询结果如图 6-27 所示。

在页面中设置“Filter”为 FeatureID，在文本框中输入查询条件“3”，点击“Apply”按钮，查询结果如图 6-28 所示。

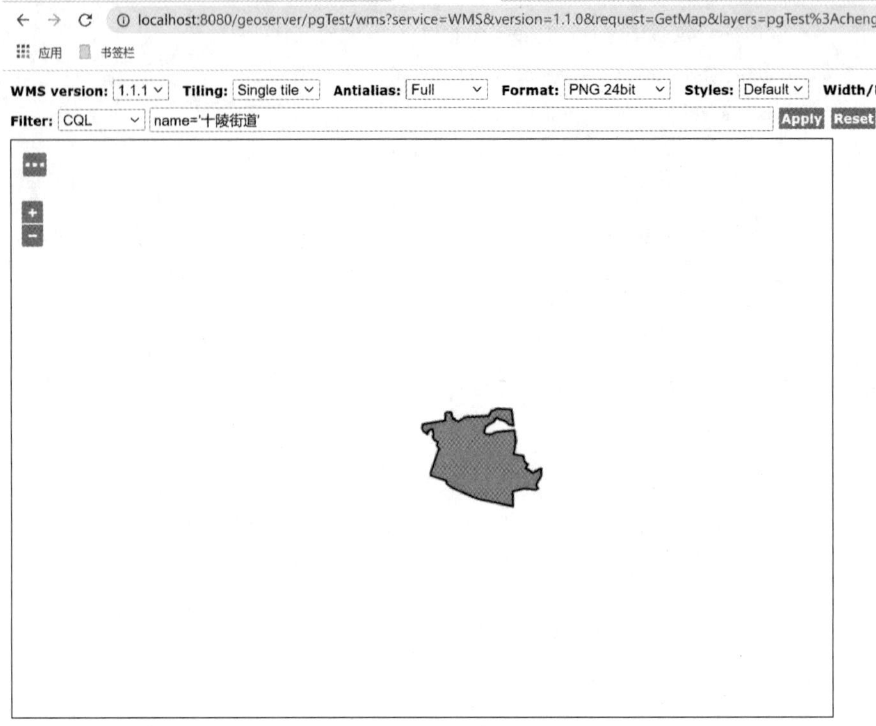

图 6-27　CQL 查询结果页面

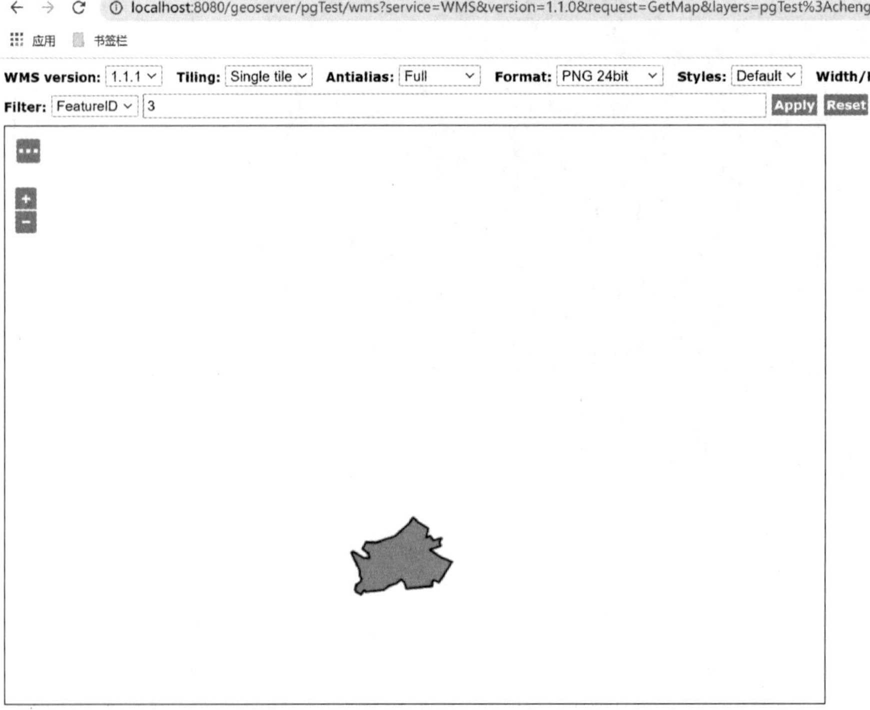

图 6-28　FeatureID 查询结果页面

(三)基于空间位置关系的查询功能

接下来介绍通过点选、框选、圈选和多边形选择来查询与其相交对象的功能。其中，点选、框选对点、线、面 3 种要素均有效，圈选和多边形选择只对点要素有效。实现思路为：首先创建一个 ol. interaction. Select 对象，然后监听 select 事件，最后在该事件中获取所选中对象的属性信息。以下介绍具体流程。

(1)为了简化功能演示，利用 new ol. layer. Vector()方法创建 4 个几何要素。示范代码为：

```
var vectorLayer=new ol. layer. Vector({
            source:new ol. source. Vector({
                features:[
                    new ol. Feature({
                        geometry:new ol. geom. Polygon([[
                            [119.0,29.0],
                            [119.2,29.0],
                            [119.2,29.2],
                            [119.0,29.2],
                            [119.0,29.0]
                        ]]),
                        name:'多边形 A'
                    }),
```

(2)创建一个 ol. interaction. Select 对象，并监听 select 事件。创建选择对象的示范代码为：

```
//创建点选工具
        var interaction=new ol. interaction. Select({
            condition:ol. events. condition. singleClick,
            style:new ol. style. Style({
                image:new ol. style. Circle({
                    radius:30,
                    stroke:new ol. style. Stroke({
                        width:4,
                        color:'red'
                    }),
                    fill:new ol. style. Fill({
                        color:'green'
                    })
                }),
```

```
                stroke:new ol.style.Stroke({
                    width:4,
                    color:'red'
                }),
                fill:new ol.style.Fill({
                    color:'green'
                })
            }),
            layers:[
                vectorLayer
            ]
        });
```

添加单选工具的示范代码为：

```
//添加单选工具
    map.addInteraction(interaction);
```

(3)在 select 事件的响应函数中获取所选中对象的属性信息，显示在浏览器中。示范代码为：

```
//监听 select 事件
    interaction.on('select',function (e){
        if (e.selected.length>0){
            var feature=e.selected[0];
            var name=feature.get('name');
            document.getElementById('msg').innerText='被选中的要素:'+name;
        }
    });
```

完整的 HTML 页面代码如下：

```
<!DOCTYPE html>
<html xmlns="http://www.w3.org/1999/xhtml">
<head>
    <meta http-equiv="Content-Type"content="text/html;charset=utf-8"/>
    <title>OpenLayers 点选功能</title>
    <link rel="stylesheet"href="../v6.10.0/css/ol.css"/>
    <script src="../v6.10.0/build/ol.js"></script>
</head>
<body>
```

```
<div id="map"style="width:600px;height:600px;"></div>
<div id="msg"></div>
<script>
// 创建要素图层
var vectorLayer=new ol.layer.Vector({
    source:new ol.source.Vector({
        features:[
            new ol.Feature({
                geometry:new ol.geom.Polygon([[
                    [119.0,29.0],
                    [119.2,29.0],
                    [119.2,29.2],
                    [119.0,29.2],
                    [119.0,29.0]
                ]]),
                name:'多边形 A'
            }),
            new ol.Feature({
                geometry:new ol.geom.Polygon([[
                    [119.4,29.0],
                    [119.6,29.0],
                    [119.5,29.2],
                    [119.4,29.0]
                ]]),
                name:'多边形 B'
            }),
            new ol.Feature({
                geometry:new ol.geom.LineString([
                    [119.0,29.4],
                    [119.2,29.3],
                    [119.4,29.5],
                    [119.6,29.3],
                    [119.8,29.6]
                ]),
                name:'线要素 C'
            }),
            new ol.Feature({
                geometry:new ol.geom.Point([119.4,29.6]),
                name:'多边形 D'
```

```
                }),
            ]
        }),
        style:new ol.style.Style({
            image:new ol.style.Circle({
                radius:30,
                stroke:new ol.style.Stroke({
                    width:4,
                    color:'blue'
                }),
                fill:new ol.style.Fill({
                    color:'yellow'
                })
            }),
            stroke:new ol.style.Stroke({
                width:4,
                color:'blue'
            }),
            fill:new ol.style.Fill({
                color:'yellow'
            })
        })
});
// 创建地图
var map=new ol.Map({
    target:'map',
    layers:[
        vectorLayer,
    ],
    view:new ol.View({
        projection:'EPSG:4326',
        center:[119.2,29.2],
        zoom:10
    })
});
// 创建点选工具
var interaction=new ol.interaction.Select({
    condition:ol.events.condition.singleClick,
    style:new ol.style.Style({
```

```
                image:new ol.style.Circle({
                    radius:30,
                    stroke:new ol.style.Stroke({
                        width:4,
                        color:'red'
                    }),
                    fill:new ol.style.Fill({
                        color:'green'
                    })
                }),
                stroke:new ol.style.Stroke({
                    width:4,
                    color:'red'
                }),
                fill:new ol.style.Fill({
                    color:'green'
                })
            }),
            layers:[
                vectorLayer
            ]
        });
        // 监听 select 事件
        interaction.on('select',function (e){
            if (e.selected.length>0){
                var feature=e.selected[0];
                var name=feature.get('name');
                document.getElementById('msg').innerText='被选中的要素:'+name;
            }
        });
        // 添加单选工具
        map.addInteraction(interaction);
    </script>
</body>
</html>
```

运行 HTML 页面，在页面中点选矩形对象，该对象随即处于被选中状态，同时显示对象的名称，具体效果如图 6－29 所示。

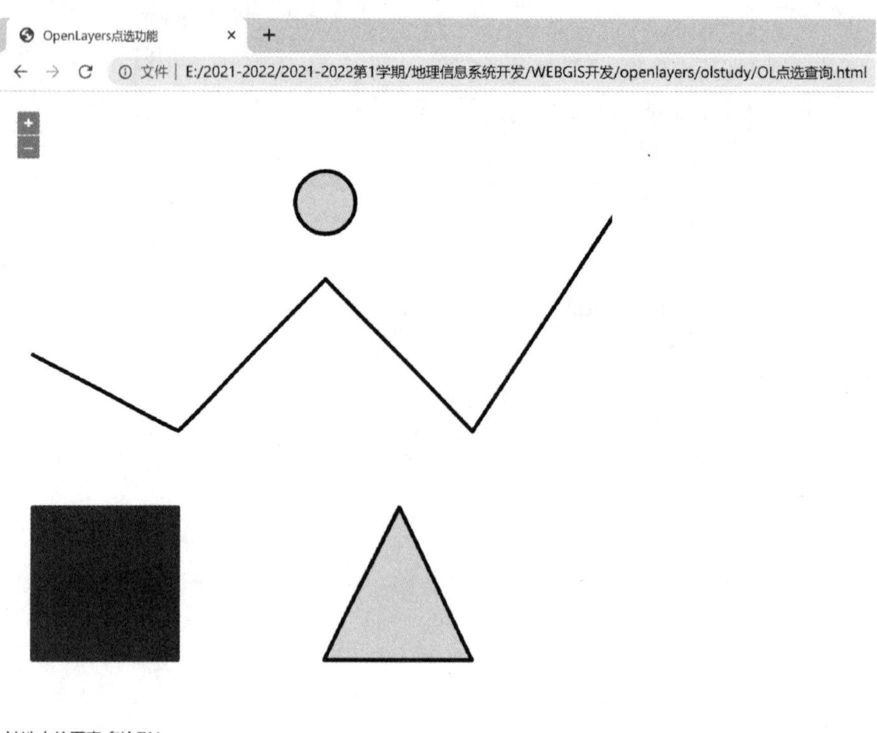

图 6-29　OpenLayers 点选查询结果

三、基于 WFS 服务的要素查询

参考本章第三节内容，将 chengdu. shp 发布为 WFS 地图服务，具体发布的流程在此不做详细说明。基于 GeoServer 发布的 WFS 地图服务，与 OpenLayers 结合实现空间和属性信息的查询。WFS 包含 getFeature 操作，用来检索要素信息，支持返回 gml 格式的地理要素表达。WFS 的 getFeature 操作需要提供的参数如表 6-1 所示。

FILTER 是一种基于 XML 的，并且符合 OGC 规范的语言。SLD 用它来实现复杂的 Rule 选择。WFS 在所有需要定位操作对象的地方都会使用 FILTER。FILTER 的作用是构建一个表达式，返回值就是 Feature 的集合，换句话说，FILTER 就如它的名字一般，能够从一个集合中过滤出一个满足我们要求的子集。而过滤的方法就是 FILTER 定义的操作符。FILTER 定义了 3 种操作符：地理操作符(Spatial operators)、比较操作符(Comparison operators)和逻辑操作符(Logical operators)。

(1)Spatial operators 定义了地理属性的操作方式，包括 Equals、Disjoint、Touches、Within、Overlaps、Crosses、Intersects、Contains、DWithin、Beyond、BBOX。操作参数名称和含义如表 6-2 所示。

表 6－1　getFeature 操作参数列表

参数名称	是否必须	默认值	举例	含义
version	是	1.1.0	version＝1.1.0 或 version＝1.0.0	版本号
service	是	WFS	WFS	服务名称
request＝GetFeature	是			请求操作（固定值）
typeName	是	text/xml；subtype＝gml/3.1.1	typeName＝bj.xzqytypeName＝bj.xzqy，bj：sqdw_font_point	图层名称（命名空间.图层名称），多个图层名称用逗号隔开
outputFormat			outputFormat＝GML2	输出类型
BBOX			BBOX＝－75.102613，40.212597，－72.361859，41.512517，EPSG：4326	矩形范围（左下角 X 坐标，左下角 Y 坐标，右上角 X 坐标，右上角 Y 坐标，EPSG：4326）
FILTER			FILTER＝<Filter><Within><PropertyName>InWaterA_1M/wkbGeom<PropertyName> <gml：Envelope><gml：lowerCorner>10，10</gml：lowerCorner> <gml：upperCorner>20 20</gml：upperCorner></gml：Envelope></Within></Filter>	过滤条件，gml 格式定义空间范围，可包含属性条件
SORTBY				排序字段
MAXFEATURES				最多返回结果个数
propertyName			propertyName＝STATE_NAME，PERSONS	字段名称，逗号隔开
SRSNAME				投影方式名称
FEATUREID			FEATUREID＝states.3	ID 号（图层名称.ID 号），多个 ID 号用逗号隔开
EXPIRY				排除
RESULTTYPE				
FEATUREVERSION				

表 6-2 Spatial operators 操作参数列表

名称	含义	名称	含义
Equals	等于	Overlaps	叠加
Disjoint	不相交	Crosses	通过
Intersects	相交(存在交集)	Contains	包含
Touches	存在接触	Beyond	超出阈值
Within	在……内部	BBOX	矩形范围
DWithin	在……外部		

(2)Comparison operators 定义了标量属性的操作方式,包括 PropertyIsEqualTo、PropertyIsNotEqualTo、PropertyIsLessThan、PropertyIsGreaterThan、PropertyIsLessThanOrEq、PropertyIsGreaterThanO、PropertyIsLike、PropertyIsNull、PropertyIsBetween。具体的操作参数名称和含义如表 6-3 所示。

表 6-3 Comparison operators 操作参数列表

名称	含义	举例
PropertyIsEqualTo	==	
PropertyIsNotEqualTo	! =	
PropertyIsLessThan	<	
PropertyIsGreaterThan	>	
PropertyIsLessThanOrEq	<=	
PropertyIsGreaterThanO	>=	
PropertyIsLike	利用通配符等符号对字符进行模糊匹配	<Filter> <PropertyIsLike wildCard=" * " singleChar=" # " escapeChar=" ! "> <PropertyName> LAST_NAME</PropertyName> <Literal>JOHN * </Literal> </PropertyIsLike> </Filter>
PropertyIsNull	为空	
PropertyIsBetween	在……之间	

(3)Logical operators 逻辑操作符定义了组合这些操作的方式,包括 And、Or、Not。例如,构建一个表达式,人口在一千万以上,并且在指定的空间范围内的城市,示范代码如下:

```
<Filter>
    <And>
        <PropertyIsGreaterThan>
            <PropertyName>population</PropertyName>
            <Literal>10000000</Literal>
        </PropertyIsGreaterThan>
        <BBOX>
            <PropertyName>geom</PropertyName>
            <Envelope srsName="EPSG:4326">
                <lowerCorner>-180 -90</lowerCorner>
                <upperCorner>180 90</upperCorner>
            </Envelope>
        </BBOX>
    </And>
</Filter>
```

第七章　基于 Cesium 和 Three.js 的三维 WebGIS 应用开发

第一节　应用软件简介

一、Cesium 简介

Cesium 是一款基于 JavaScript 编写的使用 WebGL(OpenGL)的地图引擎。Cesium 隶属于 AGI 公司，该公司一直致力于时空数据业务。很多开源项目都有一个个性化的名字，Cesium 也不例外。Cesium 的原意是化学元素铯，铯是制造原子钟的关键元素，通过命名强调了 Cesium 产品专注于基于时空数据的实时可视化应用。Cesium 支持三维和二维的地图展示，可以自行绘制图形，高亮区域，并提供良好的触摸支持，且支持绝大多数的浏览器和移动设备。Cesium 是一款面向三维地球和地图的、世界级的 JavaScript 开源产品。它提供了基于 JavaScript 语言的开发包，方便用户快速搭建一款零插件的虚拟地球 Web 应用，并在性能、精度、渲染质量以及多平台、易用性上都有高质量的保证。Cesium 是一个跨界 SDK，涉及 Web 前端、计算机图形学、地理信息系统(GIS)3 个知识领域，其架构如图 7－1 所示。

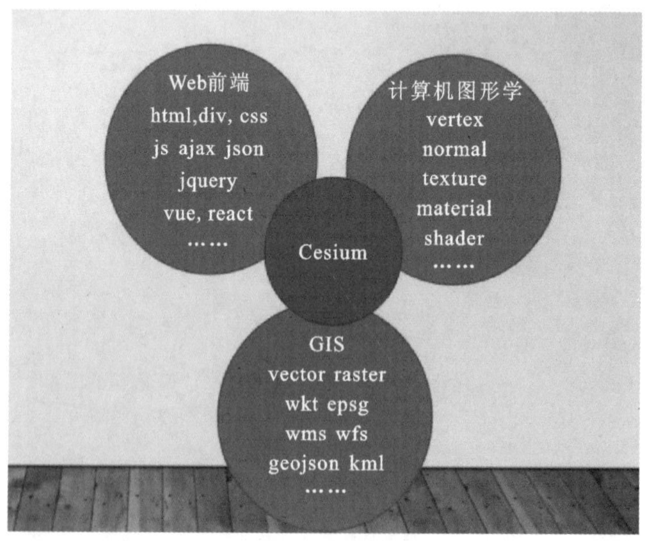

图 7－1　Cesium 涉及的知识领域图

Cesium API 的文档见 https://cesium.com/docs/cesiumjs-ref-doc/。Cesium 也提供了一个在线的代码编写调试并展示效果的环境，具体网址为 https://sandcastle.cesium.com/。在该平台上，写代码片段和 css 设置即可，页面完成之后，可以保存（save as）为 HTML文件，或分享（share）为网址。浏览网址的效果如图 7-2 所示。

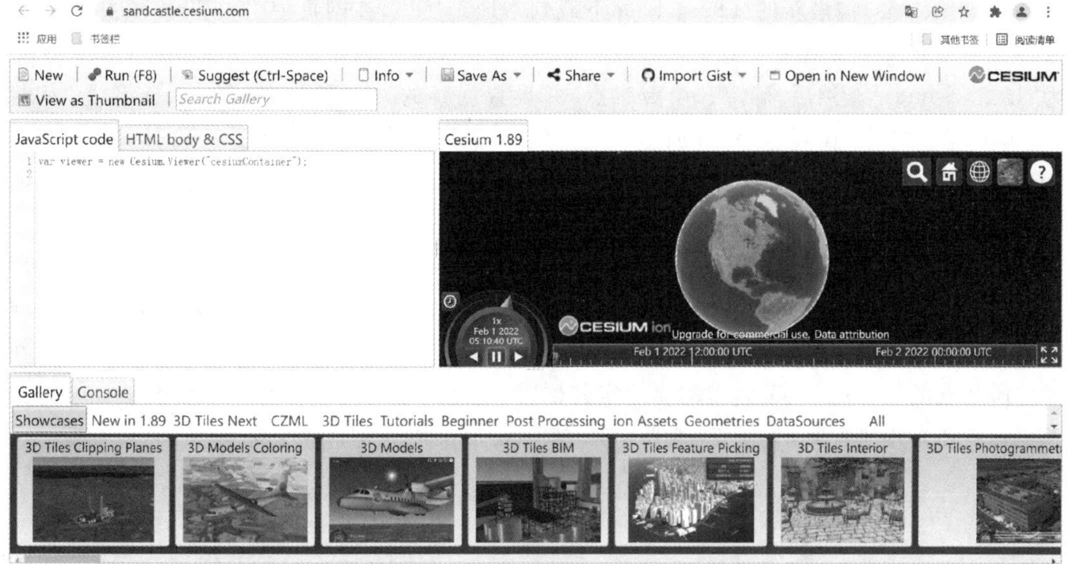

图 7-2　Cesium 在线调试环境

通过浏览器访问 https://cesium.com/downloads/来获取 Cesium，将资料下载到本地磁盘。下载文件里，除了 Cesium.js 和开发文档外，还有本地化的 sandcastle，可以在本地查看 Cesium 的示例，并编写代码。Cesium 是纯前端的代码，需要 Web 服务器发布后才能使用。官方给出的源代码中，配套了 Node.js 的 server 端，并且可以通过 Node.js 进行安装部署。事实上，常见的 Web 服务器还有 Tomcat、Apache、nginx 等。从最简化的使用方式来看，在运行 Cesium 前，首先应确保电脑配置了 Node.js 环境。

二、Three.js 简介

Three.js 是基于 WebGL 技术，用于浏览器中开发三维交互场景的 JS 引擎（官网介绍为"JavaScript 3D library"）。如前文所述，OpenGL（Open Graphics Library）是用于渲染二维、三维矢量图形的跨语言、跨平台的应用程序编程接口（API），WebGL（Web Graphics Library）是一种三维绘图协议，通过增加 OpenGL ES 2.0 的一个 JavaScript 绑定，可以为 HTML5 Canvas 提供硬件三维加速渲染。WebGL 的优点：第一，它通过 HTML 脚本本身实现 Web 交互式三维动画的制作，无需任何浏览器插件支持；第二，它利用底层的图形硬件加速功能进行的图形渲染，是通过统一的、标准的、跨平台的 OpenGL 接口实现的。Web 前端开发人员当然可以直接用 WebGL 接口进行编程，但 WebGL 只是非常基础的绘图 API，需要编程人员掌握很多的数学知识、绘图知识才能完成三维编程任务，而且代码量巨大。Three.js 对 WebGL 进行了封装，让前端开发人员在不需要掌握很多数学知识和绘图知识的情况下，也能够轻松进行 Web 3D 开发，降低了门槛，同时大大提升了效率。因此，从 Three.js 入手是值得推荐的，可以让我们经过较短时间的学习就能应对大部分需求场景。

Three.js 的安装比较简单。首先，在浏览器中访问官方主页网址 https://github.com/mrdoob/three.js，将最新的 Three.js 库下载到本地。然后，在网页中引入 Three.js 库，即可使用。利用 Three.js 渲染三维物体的基本思路如下：首先，创建一个三维空间，Three.js 称为"场景(Scene)"。然后，确定一个观察点，并设置观察的方向和角度，Three.js 称为"相机(Camera)"。接着，在场景中添加供观察的物体，Three.js 中有很多种物体，如 Mesh、Group、Line 等，它们都从 Object 3D 类派生而来。最后，利用 Three.js 中的 Renderer 把所有的物件渲染到屏幕上。

接下来，针对各个概念进行简要说明。场景(Scene)是放置所有物体的空间容器，对应现实的三维空间。创建一个场景也很简单，只需直接"new"一个 Scene 类，即"const scene = new THREE.Scene();"。相机(Camera)相当于人眼，用来模拟人眼观察到的视觉效果。在描述所观察的物体时，人眼通常需要确定其位置，这时需要用到坐标系。常用的坐标系有左手坐标系和右手坐标系(如图 7-3 所示)。Three.js 采用的是右手坐标系。

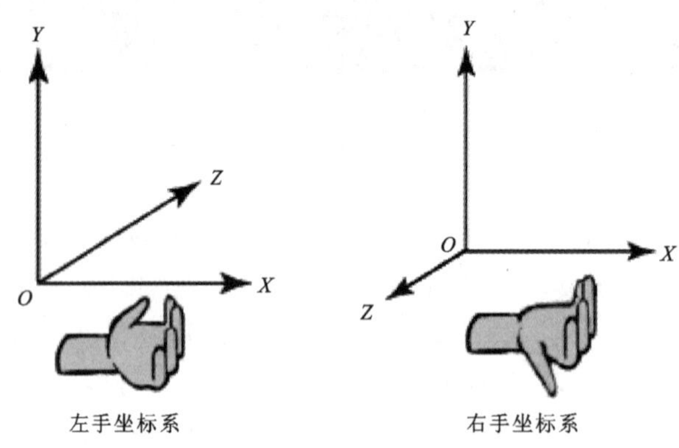

图 7-3　左、右手坐标系示意图

Three.js 中有 4 种相机：CubeCamera、OrthographicCamera、PerspectiveCamera 和 StereoCamera。它们都继承自 Camera 类。常用的有 2 种：正射投影相机（THREE.OrthographicCamera)和透视投影相机(THREE.PerspectiveCamera)。正射投影相机和透视投影相机分别对应三维投影中的正交投影和透视投影，具体效果如图 7-4 所示。

从图 7-4 中可以看出，在正射投影中，物体反射的光平行投射到屏幕上，其大小始终不变，所以远近的物体大小一样，这在渲染一些二维效果和 UI 元素的时候非常有用。透视投影的物体符合我们平时看东西的感觉，近大远小，经常用在三维场景中。实现不同视觉效果的关键是视景体(视锥体)。视景体是指成像景物所在空间的集合。通俗来讲，视景体是一个几何体，只有在视景体内的物体才会被我们看到，视景体之外的物体将被裁剪掉(所见即

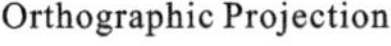

Perspective Projection

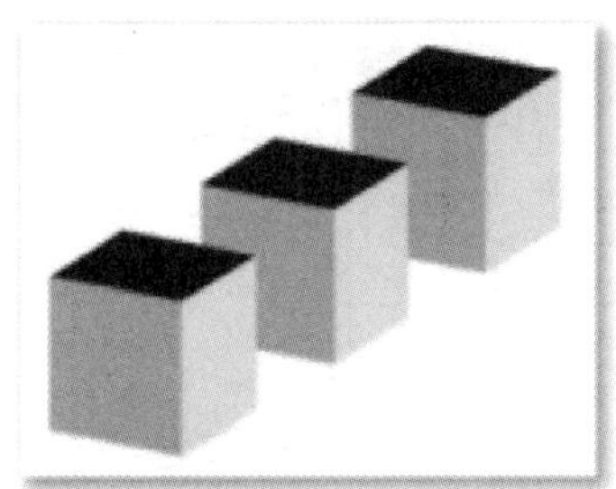

图 7-4 正射、投影透视投影示意图

所得)。这是为了去除不必要的计算。通过变换视景体,我们就得到不同的相机。例如,正射投影相机的视景体是一个长方体,其构造函数为 OrthographicCamera(left,right,top,bottom,near,far)。把 Camera 看作一个点,“left”则表示视景体左平面在左右方向上与 Camera 的距离,另外几个参数同理。于是 6 个参数分别定义了视景体 6 个面的位置。这样我们可以近似地认为,视景体里的物体平行投影到近平面上,然后近平面上的图像被渲染到屏幕上。正射投影相机的视景体效果如图 7-5 所示。

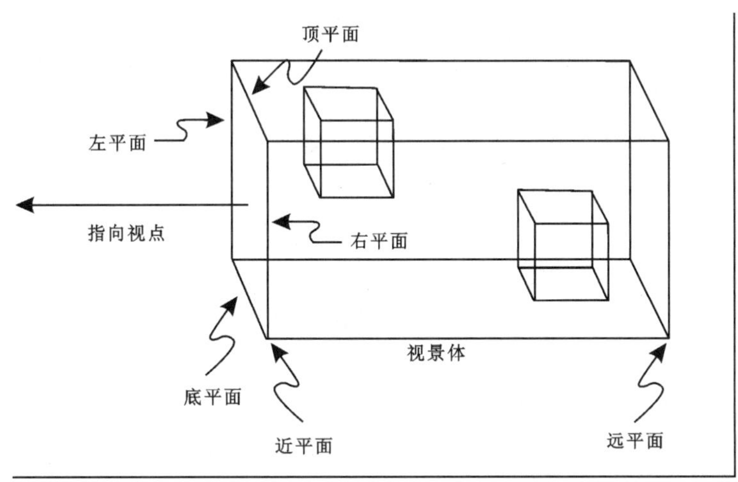

图 7-5 正射投影相机的视景体效果

透视投影相机的视景体是一个四棱台,其构造函数为 PerspectiveCamera(fov,aspect,near,far)。“fov”即 field of view,表示视野,对应着图中的视角,是上下两面的夹角;“aspect”是近平面的宽高比;“near”是近平面距离;“far”是远平面距离。透视投影相机的视景体效果如图 7-6 所示。

Objects 是指三维空间里的物体。Three.js 中提供的各类物体都继承自 Object 3D 类。其中,应用较多的物体类型是多边形网格(Mesh)。多边形网格是计算机图形学中用于为各种不规则物体建立模型的一种数据结构。现实世界中的物体表面直观上看都是由曲面构成

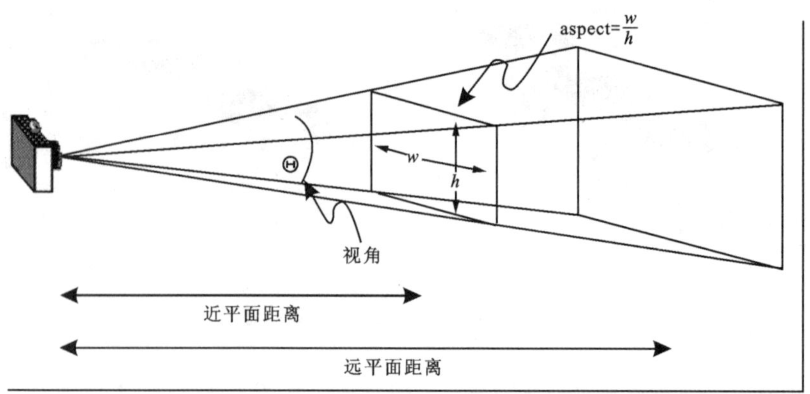

图 7-6　透视投影相机的视景体效果

的；而在计算机世界中，由于只能用离散的结构去模拟现实中连续的事物，所以在计算机里是用无数个小的多边形面片去模拟曲面。三角网格是多边形网格的一种，也是应用较为广泛的一种网格。具备地理信息系统(GIS)知识背景的读者应该不会陌生，地表模型中的不规则三角网(TIN)也是类似原理。Three.js 中所有的图形在进行渲染之前，都会进行三角网格化，然后交给 WebGL 进行渲染。在 Three.js 中，Mesh 的构造函数为 Mesh(geometry，material)，参数分别是材质(material)+几何体(geometry)。Three.js 提供了一些常见的几何体，如长方体、球体、长方形和圆形等。geometry 通过存储模型中点集和点间的关系(哪些点构成一个三角形)来描述物体形状。如果默认提供的形状不能满足需求，我们也可以通过自己定义每个点的位置来构造几何体。更复杂的模型还可以用建模软件建模后导入。material不仅指物体纹理，而且还包括了物体表面除了形状以外所有可视属性的集合，如色彩、纹理、光滑度、透明度、反射率、折射率、发光度。Three.js 提供了集中比较有代表性的材质，常用的有漫反射、镜面反射两种材质，还可以引入外部图片，贴到物体表面，称为纹理贴图。

为了跟真实世界更加接近，需要往场景添加光源。Three.js 支持模拟不同光源，展现不同光照效果，有环境光、平行光、点光源、聚光灯等。

环境光会均匀地照亮场景中的所有物体，但不能用来投射阴影，因为它没有方向。其示范代码为：

```
const light=new THREE.AmbientLight(0x404040 );
```

平行光是沿着特定方向发射的光，常用平行光来模拟太阳光的效果。其示范代码为：

```
const directionalLight=new THREE.DirectionalLight(0xffffff,0.5 );
```

点光源是从一个点向各个方向发射的光源，它的一个常见例子是模拟灯泡发出的光。其示范代码为：

```
const light=new THREE.PointLight(0xff0000,1,100 );
```

聚光灯是光线从一个点沿一个方向射出，随着光线照射的变远，光线圆锥体的尺寸也逐渐增大。其示范代码为：

```
const spotLight=new THREE.SpotLight(0xffffff );
```

在场景和相机都设置好的情况下，只要将 scene 和 camera 交给 Three.js 的 Renderer，渲染操作就开始了。Three.js 支持多种渲染器，其中主要的是 CanvasRenderer 和 WebGLRenderer。设置渲染器的代码一般包括：用 newRenderer()方法来新建一个 WebGL 渲染器，用 renderer.setSize(width,height)来设置渲染器的宽和高(或者给 canvas 元素设定宽和高，注意 css 指定是无效的且 canvas 元素有默认宽和高值)，用 renderer.setClearColor(clearColor,clearAlpha)设置 canvas 背景色与透明度，用 renderer.render()方法操作渲染绘制过程。WebGLRenderer 使用 WebGL 来绘制场景(如果设备支持)，WebGL 能够利用 GPU 硬件加速从而提高渲染性能。

WebGLRenderer 的类关系如图 7－7 所示，从图中可以看出渲染器负责同时渲染场景以及相机，而光照和网格都被添加到场景中。几何体和材质是网格的两个基本属性，也决定一个网格的形状和表面纹理。光照、相机以及网格都属于 Object 3D 对象。

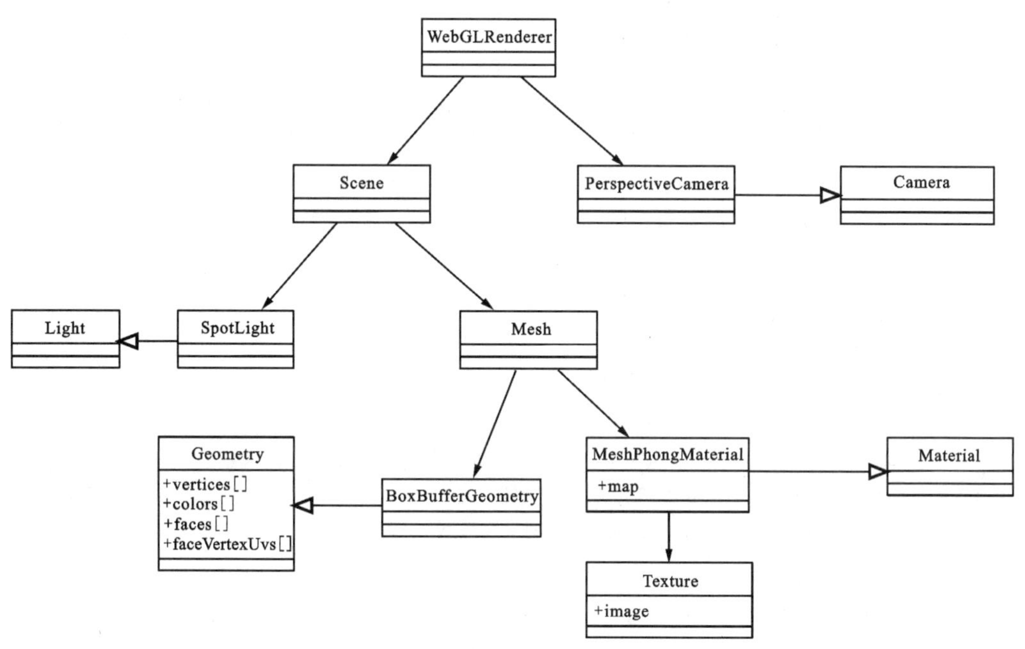

图 7－7　WebGLRenderer 的类关系图

以下代码示范了引入 Three.js 库，同时还创建了场景、相机、坐标轴以及相关物体。

```
<! DOCTYPE html>
<html>
```

```
<head>
    <meta charset="utf-8">
    <title>hangge.com</title>
    <script type="text/javascript"src="../libs/three.js"></script>
    <style>
        body {
            margin:0;
            overflow:hidden;
        }
    </style>
</head>
<body>
<!--作为 Three.js 渲染器输出元素 -->
<div id="WebGL-output">
</div>
<!-- Three.js 样例代码 -->
<script type="text/javascript">
    //网页加载完毕后会被调用
    function init(){
        //创建一个场景(场景是一个容器,用于保存、跟踪所要渲染的物体和使用的光源)
        var scene=new THREE.Scene();
        //创建一个相机对象(相机决定了能够在场景里看到的事物)
        var camera=new THREE.PerspectiveCamera(45,
          window.innerWidth/window.innerHeight,0.1,1000);
        //设置相机的位置,并让其指向场景的中心(0,0,0)
        camera.position.x=-30;
        camera.position.y=40;
        camera.position.z=30;
        camera.lookAt(scene.position);
        //创建一个 WebGL 渲染器并设置其大小
        var renderer=new THREE.WebGLRenderer();
        renderer.setClearColor(new THREE.Color(0xEEEEEE));
        renderer.setSize(window.innerWidth,window.innerHeight);
        //在场景中添加坐标轴
        var axes=new THREE.AxisHelper(20);
        scene.add(axes);
        //创建一个平面
        var planeGeometry=new THREE.PlaneGeometry(60,20);
        //平面使用颜色为 0xcccccc 的基本材质
        var planeMaterial=new THREE.MeshBasicMaterial({color:0xcccccc});
```

```
        var plane=new THREE.Mesh(planeGeometry,planeMaterial);
        //设置屏幕的位置和旋转角度
        plane.rotation.x=-0.5 * Math.PI;
        plane.position.x=15;
        plane.position.y=0;
        plane.position.z=0;
        //将平面添加场景中
        scene.add(plane);
        //创建一个立方体
        var cubeGeometry=new THREE.BoxGeometry(4,4,4);
        //将线框(wireframe)属性设置为 true,这样物体就不会被渲染为实物物体
        var cubeMaterial=new THREE.MeshBasicMaterial({color:0xff0000,wireframe:true});
        var cube=new THREE.Mesh(cubeGeometry,cubeMaterial);
        //设置立方体的位置
        cube.position.x=-4;
        cube.position.y=3;
        cube.position.z=0;
        //将立方体添加到场景中
        scene.add(cube);
        //创建一个球体
        var sphereGeometry=new THREE.SphereGeometry(4,20,20);
        //将线框(wireframe)属性设置为 true,这样物体就不会被渲染为实物物体
        var sphereMaterial=new THREE.MeshBasicMaterial({color:0x7777ff,wireframe:true});
        var sphere=new THREE.Mesh(sphereGeometry,sphereMaterial);
        //设置球体的位置
        sphere.position.x=20;
        sphere.position.y=4;
        sphere.position.z=2;
        //将球体添加到场景中
        scene.add(sphere);
        //将渲染的结果输出到指定页面元素中
        document.getElementById("WebGL-output").appendChild(renderer.domElement);
        //渲染场景
        renderer.render(scene,camera);
    }
    //确保 init 方法在网页加载完毕后被调用
    window.onload=init;
</script>
</body>
</html>
```

最后，将Three.js的关键要素总结为如图7-8所示的结构。

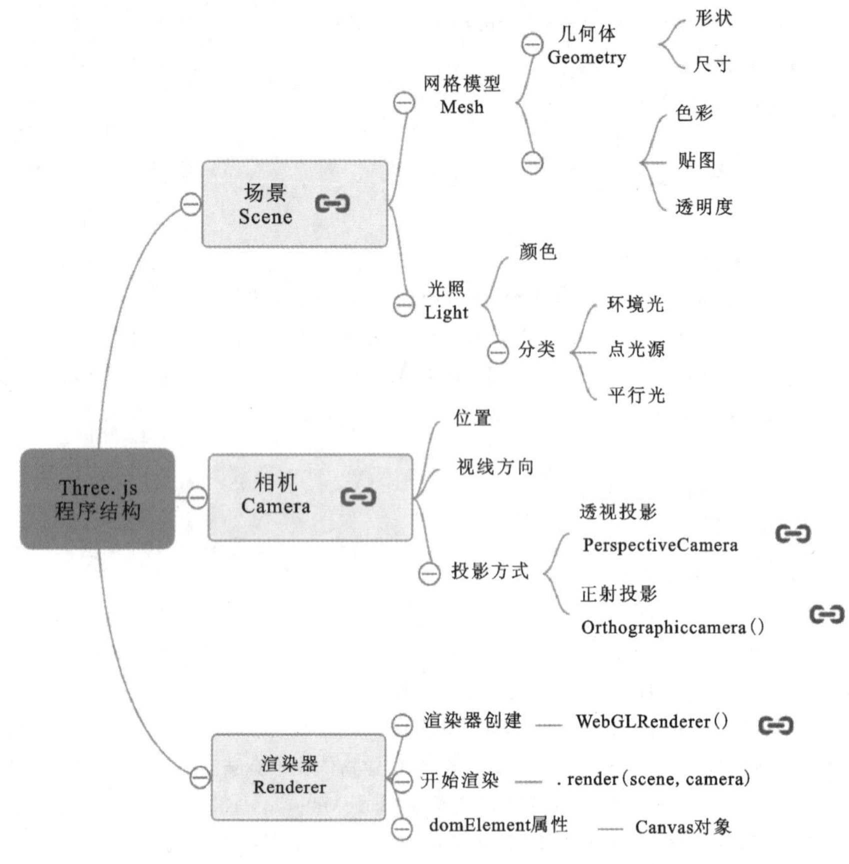

图7-8　Three.js的关键要素

三、Node.js简介

Node.js是一个基于Chrome V8引擎的开源和跨平台JavaScript运行环境。由于具备了非常好的性能，它几乎已经成为很多常见项目的流行工具。Node.js应用程序在单个进程中运行，无需为每个请求创建新的线程。Node.js在其标准库中提供了一组异步的I/O原生功能，以防止JavaScript代码阻塞，通常，Node.js中的库是使用非阻塞范式编写的，使得阻塞行为成为异常而不是常态。当Node.js执行I/O操作时（比如从网络读取、访问数据库或文件系统），Node.js将在响应返回时恢复操作（而不是阻塞线程和浪费CPU周期等待）。这允许Node.js使用单个服务器处理数千个并发连接，而不会增加管理线程并发（这可能是错误的重要来源）的负担。Node.js具有独特的优势，因为数百万为浏览器编写JavaScript的前端开发者现在无需学习完全不同的语言，就可以编写除客户端代码之外的服务器端代码。在Node.js中，可以毫无问题地使用新的ECMAScript标准，因为不必等待所有用户更新浏览器，开发者负责通过更改Node.js版本来决定使用哪个ECMAScript版本，还可以通过运行带有标志的 Node.js 来启用特定的实验性功能。

npm 是世界上最大的软件注册表，每星期大约有 30 亿次的下载量，包含超过 600 000 个包（package，代码模块），包的结构使得用户能够轻松跟踪依赖项和版本。来自各大洲的开源软件开发者互相分享和借鉴使用 npm，打开了连接整个 JavaScript 天才世界的一扇大门。npm 由 3 个独立的部分组成：网站、注册表（registry）、命令行工具（CLI）。网站是开发者查找包（package）、设置参数以及管理 npm 使用体验的主要途径。注册表是一个巨大的数据库，保存了每个包（package）的信息。命令行工具则通过命令行或终端运行。开发者通过 CLI 与 npm 打交道。npm 以其简单的结构帮助 Node.js 生态系统蓬勃发展，现在 npm 仓库托管了超过 1 000 000 个开源包，供用户自由使用。

Node.js 中最常见的 Hello World 示例是 Web 服务器：

```
const http=require('http')
const hostname='127.0.0.1'
const port=3000
const server=http.createServer((req,res)=>{
  res.statusCode=200
  res.setHeader('Content-Type','text/plain')
  res.end('Hello World\n')
})
server.listen(port,hostname,()=>{
  console.log('Server running at http://${hostname}:$[2]/')
})
```

要运行此代码片段，则将其另存为 server.js 文件，并在终端中运行 node server.js。接下来，对代码的实现逻辑作简要说明：此代码首先引入 Node.js 中的 http 模块，该模块提供良好的网络支持。然后利用 http 的 createServer()方法创建新的 HTTP 服务器并返回。服务器设置为监听指定的端口和主机名。当服务器准备好时，则回调函数被调用，在此示例中会通知我们服务器正在运行。每当接收到新请求时，都会调用 request 事件，其提供两个对象：请求（http.IncomingMessage 对象）和响应（http.ServerResponse 对象）。

这两个对象对于处理 HTTP 调用是必不可少的。第一个提供请求的详细信息。在这个简单的示例中，它没有被使用，但是可以访问请求头和请求数据。第二个用于向调用者返回数据。在此示例中：

```
//将 statusCode 属性设置为 200，以指示成功响应。
res.statusCode=200
//设置了 Content-Type 标头：
res.setHeader('Content-Type','text/plain')
//然后关闭响应，将内容作为参数添加到 end()：
res.end('Hello World\n')
```

第二节　开发环境配置

从官网上下载Node.js后将其解压缩到本地目录。在Cesium所在的文件夹目录中打开cmd或者bash写入命令：npm install，即可下载依赖的npm模块，比如express等。如果成功，会在Cesium文件夹中增加“node_modules”文件夹。最后在cmd或者bash中执行：node server.cjs或者npm start。成功之后能看到如图7－9所示的界面。

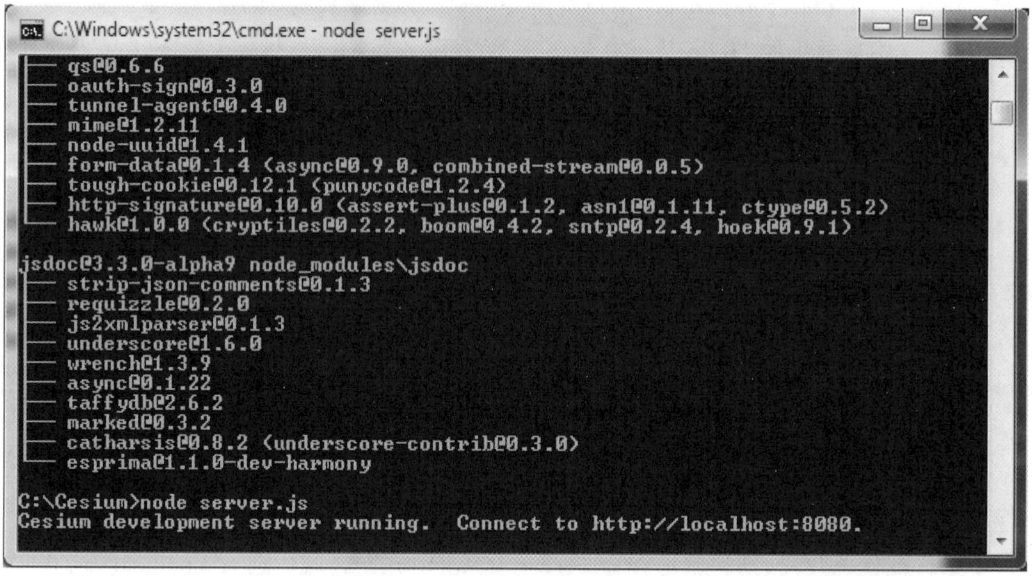

```
C:\Windows\system32\cmd.exe - node server.js
├── qs@0.6.6
├── oauth-sign@0.3.0
├── tunnel-agent@0.4.0
├── mime@1.2.11
├── node-uuid@1.4.1
├── form-data@0.1.4 (async@0.9.0, combined-stream@0.0.5)
├── tough-cookie@0.12.1 (punycode@1.2.4)
├── http-signature@0.10.0 (assert-plus@0.1.2, asn1@0.1.11, ctype@0.5.2)
└── hawk@1.0.0 (cryptiles@0.2.2, boom@0.4.2, sntp@0.2.4, hoek@0.9.1)

jsdoc@3.3.0-alpha9 node_modules\jsdoc
├── strip-json-comments@0.1.3
├── requizzle@0.2.0
├── js2xmlparser@0.1.3
├── underscore@1.6.0
├── wrench@1.3.9
├── async@0.1.22
├── taffydb@2.6.2
├── marked@0.3.2
├── catharsis@0.8.2 (underscore-contrib@0.3.0)
└── esprima@1.1.0-dev-harmony

C:\Cesium>node server.js
Cesium development server running.  Connect to http://localhost:8080.
```

图7－9　Node.js中安装Cesium成功后的界面

在图7－9所示的控制台程序中会显示：Cesium development server running. Connect to http://localhost:8080。此时，Node.js内置的Web服务器就处于运行状态(需要注意不能关闭控制台应用程序)。打开浏览器，输入http://localhost:8080即可访问Cesium。

Cesium需要浏览器支持WebGL，可以通过Cesium.js官网提供的“HelloWorld”示例来测试自己的浏览器是否支持Cesium(推荐使用Google Chrome)。测试网址为https://cesiumjs.org/Cesium/Apps/HelloWorld.htm。入门教程网址为https://cesium.com/learn/cesiumjs-learn/cesiumjs-quickstart/。

Cesium是纯前端的代码，需要Web服务器发布后才能使用。常见的Web服务器有Tomcat、Apache、nginx等。官方给出的源代码中，配套了Node.js的server端，以及可以通过Node.js进行安装部署。针对JavaScript开发，Node.js是一个非常好用的常见类库。利用Node.js和Cesium搭建地图应用的简易教程网址为https://blog.csdn.net/weixin_42292140/article/details/87623225。

第三节　基于 Cesium 和 Three.js 的 WebGIS 开发示例

一、基于 Cesium 的 Hello World 程序

首先，在物理磁盘上新建一个文件夹，命名为“csdemo”。然后，将下载的 Cesium 文件解压缩到本地磁盘，解压缩后的文件夹里包括 Cesium API 源代码 Source 文件夹、编译后的 Build 文件夹、Demo、API 文档以及沙盒（sandbox，计算机安全领域的一种安全机制）等。其中，Build 文件夹中的 Cesium 文件夹就是编译后 Cesium 包的正式版本。将 Cesium 文件夹复制到 csdemo 文件夹中。接着，在 csdemo 目录下新建一个 index.html 文件，在网页代码中实现初始化地球的操作。具体实现流程主要包括 4 个步骤。

第一步：引入 Cesium.js，该文件定义了 Cesium 对象，它包含了我们需要的一切。示范代码为：

```
<script src="./Cesium/Cesium.js"></script>
```

第二步：引入 widgets.css，其功能是使用 Cesium 各个可视化控件。示范代码为：

```
@import url(./Cesium/Widgets/widgets.css)
```

第三步：在 HTML 的 body 中创建一个 div，用来作为三维地球的容器。示范代码为：

```
<div id="cesiumContainer"></div>
```

第四步：在 js 中初始化 CesiumViewer 示例。示范代码为：

```
let viewer=new Cesium.Viewer('cesiumContainer')
```

完整 index.html 的代码如下：

```
<!DOCTYPE html>
<html lang="en">
  <head>
    <meta charset="UTF-8"/>
    <meta name="viewport"content="width=device-width,initial-scale=1.0"/>
    <title>Document</title>
    <script src="./Cesium/Cesium.js"></script>
    <style>
      @import url(./Cesium/Widgets/widgets.css);
      html,body,#cesiumContainer {
        width:100%;
        height:100%;
```

```
            margin:0;
            padding:0;
        }
    </style>
  </head>
  <body>
    <div id="cesiumContainer"></div>
    <script>
      window.onload=function(){
        let viewer=new Cesium.Viewer("cesiumContainer")
      }
    </script>
  </body>
</html>
```

需要注意的是，在实际工作中，index.html 是需要运行在 Web 服务器上的。对于小型应用程序开发而言，使用 node 结合 live-server 是不错的选择。live-server 是一个具有实时加载功能的小型服务器。简单地说，安装了 live-server 后，直接在当前目录命令行运行命令，Web 服务就启动了。安装 live-server 命令如下：npm install -g live-server。安装完 live-server 后，在终端程序中利用 cd 命令切换到项目根目录(csdemo)下，执行命令：live-server，即可启动服务器，运行网页程序。

因此，启动 index.html 文件的运行效果如图 7-10 所示(选择的数据源是 Natural Earth Ⅱ)。

二、基于 Three.js 的基础三维 GIS 功能开发

(1)首先，从阿里云数据可视化平台获取中国地图数据，平台网址为 http://datav.aliyun.com/portal/school/atlas/area_selector，数据格式为 GeoJSON(.json)。然后，定义一个 chinaMap 类，用来代表整个地图对象。整个地图场景的必备要素包括相机、渲染器、光源和物体。示范代码为：

```
class chinaMap {
    constructor(){
      this.init()
    }
    init(){
      //第一步新建一个场景
      this.scene=new THREE.Scene()
      this.setCamera()
      this.setRenderer()
    }
```

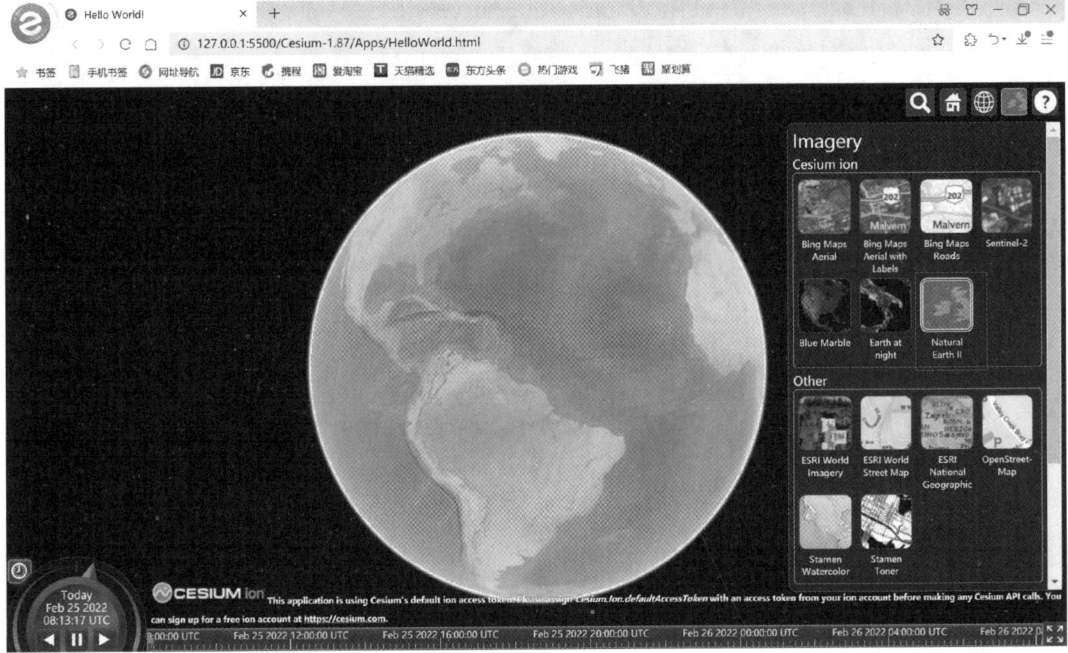

图 7-10　Cesium 入门程序效果

```
//新建透视相机
setCamera(){
  //第二参数就是长度和宽度比，默认采用浏览器，返回以像素为单位的窗口的内部宽度和高度
  this.camera=new THREE.PerspectiveCamera(
    75,
    window.innerWidth/window.innerHeight,
    0.1,
    1000
  )
}
//设置渲染器
setRenderer(){
  this.renderer=new THREE.WebGLRenderer()
  //设置画布的大小
  this.renderer.setSize(window.innerWidth,window.innerHeight)
  //这里其实就是 canvas 画布 renderer.domElement
  document.body.appendChild(this.renderer.domElement)
}
//设置环境光
setLight(){
```

```
        this.ambientLight=new THREE.AmbientLight(0xffffff)// 环境光
        this.scene.add(ambientLight)
    }
}
```

(2)加载GeoJSON数据并解析，获取每个省(自治区、直辖市)的经纬度，将经纬度转换为坐标值，最后使用这些坐标值绘制图形。在js中加载GeoJSON数据的代码为：

```
// 加载地图数据
loadMapData(){
    const loader=new THREE.FileLoader()
    loader.load('../json/china.json',(data)=> {
      const jsondata=JSON.parse(data)
      this.generateGeometry(jsondata)
    })
}
```

GeoJSON数据中的坐标是经纬度，无法直接绘制二维图形，因此需要将其转换为投影坐标系。这里使用第三方插件d3将经纬度坐标转换为墨卡托投影坐标系。整个地图是一个Object 3D物体，由各个省(自治区、直辖市)(Object 3D物体)组成。因此，各个省(自治区、直辖市)组合成全国地图的过程利用循环结构即可实现。示范代码为：

```
generateGeometry(jsondata){
      //初始化一个地图对象
      this.map=new THREE.Object3D()
      //墨卡托投影转换
      const projection=d3
        .geoMercator()
        .center([104.0,37.5])
        .scale(80)
        .translate([0,0])
      jsondata.features.forEach((elem)=> {
        //定一个省(自治区、直辖市)3D对象
        const province=new THREE.Object3D()
        this.map.add(province)
      })
      this.scene.add(this.map)
    }
```

在循环体内部，利用各个省(自治区、直辖市)的坐标值生成二维几何对象THREE.Shape()，再使用挤压几何体函数ExtrudeGeometry()生成立体效果。同时坐标值也可以作为顶点，用来绘制每个省（自治区、直辖市）的边界线。至此，整个地图就绘制出来。示范代码为：

```
// 每个省(自治区、直辖市)对象的坐标数组
const coordinates=elem.geometry.coordinates
//循环坐标数组
coordinates.forEach((multiPolygon)=>{
  multiPolygon.forEach((polygon)=>{
    const shape=new THREE.Shape()
    const lineMaterial=new THREE.LineBasicMaterial({
      color:'white',
    })
    const lineGeometry=new THREE.Geometry()
    for(let i=0;i<polygon.length;i++){
      const [x,y]=projection(polygon[i])
      if(i===0){
        shape.moveTo(x,-y)
      }
      shape.lineTo(x,-y)
      lineGeometry.vertices.push(new THREE.Vector3(x,-y,4.01))
    }
    const extrudeSettings={
      depth:10,
      bevelEnabled:false,
    }
    const geometry=new THREE.ExtrudeGeometry(
      shape,
      extrudeSettings
    )
    const material=new THREE.MeshBasicMaterial({
      color:'#2defff',
      transparent:true,
      opacity:0.6,
    })
    const material1=new THREE.MeshBasicMaterial({
      color:'#3480C4',
      transparent:true,
      opacity:0.5,
    })
    const mesh=new THREE.Mesh(geometry,[material,material1])
```

```
        const line=new THREE. Line(lineGeometry,lineMaterial)
        province. add(mesh)
        province. add(line)
    })
})
```

(3)为了方便调整相机的位置,增加了辅助视图,即 cameraHelper。具体效果是在屏幕中会出现一个"十"字形光标,然后可以不断地调整相机的位置,让地图始终处于画面的中央。示范代码为:

```
addHelper(){
    const helper=new THREE. CameraHelper(this. camera)
    this. scene. add(helper)
}
```

(4)为了增强地图的用户交互感,可以引入 Three 的第三方插件 OrbitControls 来实现通过鼠标旋转地图对象。首先,需要引入 OrbitControls. js。具体代码为:

```
<script src="../js/OrbitControls. js"></script>
```

然后,增加旋转交互功能。示范代码为:

```
setController(){
        this. controller=new THREE. OrbitControls(
            this. camera,
            document. getElementById('canvas')
    )
}
```

(5)利用光线投射方法实现鼠标拾取功能,即在三维空间中计算出鼠标移过了什么物体。首先为每一个省(自治区、直辖市)对象增加一个属性来表示其名称。示范代码为:

```
//将省(自治区、直辖市)的属性加进来
province. properties=elem. properties
```

然后,引入射线追踪方法,利用 intersect()函数来检测与射线相交的对象,更改该对象的 Mesh 属性(例如材质的颜色等)。

```
setRaycaster(){
    this. raycaster=new THREE. Raycaster()
    this. mouse=new THREE. Vector2()
    const onMouseMove=(event)=>{
        //将鼠标位置归一化为设备坐标。x 和 y 方向的取值范围是 (-1 to+1)
```

```
        this.mouse.x=(event.clientX/window.innerWidth) * 2-1
        this.mouse.y=-(event.clientY/window.innerHeight) * 2+1
    }
    window.addEventListener('mousemove',onMouseMove,false)
}
animate(){
        requestAnimationFrame(this.animate.bind(this))
        //通过相机和鼠标位置更新射线
        this.raycaster.setFromCamera(this.mouse,this.camera)
        //算出射线与场景相交的对象有哪些
        const intersects=this.raycaster.intersectObjects(
            this.scene.children,
            true
        )
        //恢复上一次清空的
        if(this.lastPick){
            this.lastPick.object.material[0].color.set('#2defff')
            this.lastPick.object.material[1].color.set('#3480C4')
        }
        this.lastPick=null
        this.lastPick=intersects.find(
            (item)=> item.object.material && item.object.material.length===2
        )
        if(this.lastPick){
            this.lastPick.object.material[0].color.set(0xff0000)
            this.lastPick.object.material[1].color.set(0xff0000)
        }
        this.render()
    }
const intersects=this.raycaster.intersectObjects(
    this.scene.children,
    true //为 true 则同时也会检测所有物体的后代;否则将只会检测对象本身的相交部分
)
```

完整的 HTML 页面代码为：

```
<!DOCTYPE html>
<html lang="en">
    <head>
        <meta charset="UTF-8"/>
        <meta http-equiv="X-UA-Compatible"content="IE=edge"/>
```

```
    <meta name="viewport"content="width=device-width,initial-scale=1.0"/>
    <title>Document</title>
    <style>
      html body {
        height:100%;
        width:100%;
        margin:0;
        padding:0;
        overflow:hidden;
      }
      #tooltip {
        position:absolute;
        z-index:2;
        background:white;
        padding:10px;
        border-radius:2px;
        visibility:hidden;
      }
    </style>
  </head>
  <body>
    <script src="../js/three.js"></script>
    <script src="../js/OrbitControls.js"></script>
    <script src="../js/d3-geo.v1.min.js"></script>
    <canvas id="canvas"width="1000"height="1000"></canvas>
    <div id="tooltip"></div>
    <script>
      class chinaMap {
        constructor(){
          this.init()
        }
        init(){
          // 第一步新建一个场景
          this.scene=new THREE.Scene()
          this.activeInstersect=[]
          this.setRenderer()
          this.setCamera()
          this.setController()
          this.setRaycaster()
          this.animate()
```

```
    this.loadMapData()
    this.addFont()
    this.addHelper()
}
// 加载地图数据
loadMapData(){
    const loader=new THREE.FileLoader()
    loader.load('../json/china.json',(data)=>{
        const jsondata=JSON.parse(data)
        this.generateGeometry(jsondata)
    })
}
generateGeometry(jsondata){
    // 初始化一个地图对象
    this.map=new THREE.Object3D()
    // 墨卡托投影转换
    const projection=d3
        .geoMercator()
        .center([104.0,37.5])
        .translate([0,0])
    jsondata.features.forEach((elem)=>{
        // 定一个省(自治区、直辖市)3D 对象
        const province=new THREE.Object3D()
        // 每个省(自治区、直辖市)对象的坐标数组
        const coordinates=elem.geometry.coordinates
        // 循环坐标数组
        coordinates.forEach((multiPolygon)=>{
            multiPolygon.forEach((polygon)=>{
                const shape=new THREE.Shape()
                const lineMaterial=new THREE.LineBasicMaterial({
                    color:'white',
                })
                const lineGeometry=new THREE.Geometry()
                for (let i=0;i< polygon.length;i++){
                    const [x,y]=projection(polygon[i])
                    if (i===0){
                        shape.moveTo(x,-y)
                    }
                    shape.lineTo(x,-y)
                    lineGeometry.vertices.push(new THREE.Vector3(x,-y,5))
```

```
          }
          const extrudeSettings={
            depth:10,
            bevelEnabled:false,
          }
          const geometry=new THREE.ExtrudeGeometry(
            shape,
            extrudeSettings
          )
          const material=new THREE.MeshBasicMaterial({
            color:'#2defff',
            transparent:true,
            opacity:0.6,
          })
          const material1=new THREE.MeshBasicMaterial({
            color:'#3480C4',
            transparent:true,
            opacity:0.5,
          })
          const mesh=new THREE.Mesh(geometry,[material,material1])
          const line=new THREE.Line(lineGeometry,lineMaterial)
          // 将省(自治区、直辖市)的属性加进来
          province.properties=elem.properties
          province.add(mesh)
          province.add(line)
        })
      })
      this.map.add(province)
    })
    this.scene.add(this.map)
  }
  setController(){
    this.controller=new THREE.OrbitControls(
      this.camera,
      document.getElementById('canvas')
    )
  }
  addCube(){
    const geometry=new THREE.BoxGeometry()
    const material=new THREE.MeshBasicMaterial({ color:0x50ff22 })
```

```
    this.cube=new THREE.Mesh(geometry,material)
    this.scene.add(this.cube)
  }
  addFont(){
    const loader=new THREE.FontLoader()
    loader.load('../json/alibaba.json',(font)=>{
      const material=new THREE.MeshBasicMaterial({ color:0x49ef4 })
      const mesh=new THREE.Mesh(geometry,material)
      this.scene.add(mesh)
    })
  }
  addHelper(){
    const helper=new THREE.CameraHelper(this.camera)
    this.scene.add(helper)
  }
  // 新建透视相机
  setCamera(){
    // 第二参数就是长度和宽度比,默认采用浏览器,返回以像素为单位的窗口的内部宽度和高度
    this.camera=new THREE.PerspectiveCamera(
      75,
      window.innerWidth/window.innerHeight,
      0.1,
      1000
    )
    this.camera.position.set(0,0,120)
    this.camera.lookAt(this.scene.position)
  }
  setRaycaster(){
    this.raycaster=new THREE.Raycaster()
    this.mouse=new THREE.Vector2()
    this.tooltip=document.getElementById('tooltip')
    const onMouseMove=(event)=>{
      this.mouse.x=(event.clientX/window.innerWidth) * 2-1
      this.mouse.y=-(event.clientY/window.innerHeight) * 2+1
      this.tooltip.style.left=event.clientX+2+'px'
      this.tooltip.style.top=event.clientY+2+'px'
    }
    window.addEventListener('mousemove',onMouseMove,false)
  }
  // 设置渲染器
```

```
setRenderer(){
  this.renderer=new THREE.WebGLRenderer({
    canvas:document.getElementById('canvas'),
  })
  this.renderer.setPixelRatio(window.devicePixelRatio)
  // 设置画布的大小
  this.renderer.setSize(window.innerWidth,window.innerHeight)
}
// 设置环境光
setLight(){
  let ambientLight=new THREE.AmbientLight(191970,20)// 环境光
  this.scene.add(ambientLight)
}
render(){
  this.renderer.render(this.scene,this.camera)
}
animate(){
  requestAnimationFrame(this.animate.bind(this))
  // 通过相机和鼠标位置更新射线
  this.raycaster.setFromCamera(this.mouse,this.camera)
  // 算出射线与场景相交的对象有哪些
  const intersects=this.raycaster.intersectObjects(
    this.scene.children,
    true
  )
  // 恢复上一次清空的
  if (this.lastPick){
    this.lastPick.object.material[0].color.set('#2defff')
    this.lastPick.object.material[1].color.set('#3480C4')
  }
  this.lastPick=null
  this.lastPick=intersects.find(
    (item)=> item.object.material && item.object.material.length===2
  )
  if (this.lastPick){
    this.lastPick.object.material[0].color.set(0xff0000)
    this.lastPick.object.material[1].color.set(0xff0000)
  }
  this.showTip()
  this.render()
```

```
      }
      showTip(){
        // 显示省(自治区、直辖市)名称
        if (this.lastPick){
          const properties=this.lastPick.object.parent.properties
          this.tooltip.textContent=properties.name
          this.tooltip.style.visibility='visible'
        }else {
          this.tooltip.style.visibility='hidden'
        }
      }
    }
    new chinaMap().init()
  </script>
 </body>
</html>
```

至此，一个简易的三维中国地图应用就构建起来了。启动 Web 服务器，运行网页的效果如图 7－11 所示。按下鼠标左键并拖动鼠标，可以对地图进行旋转操作。

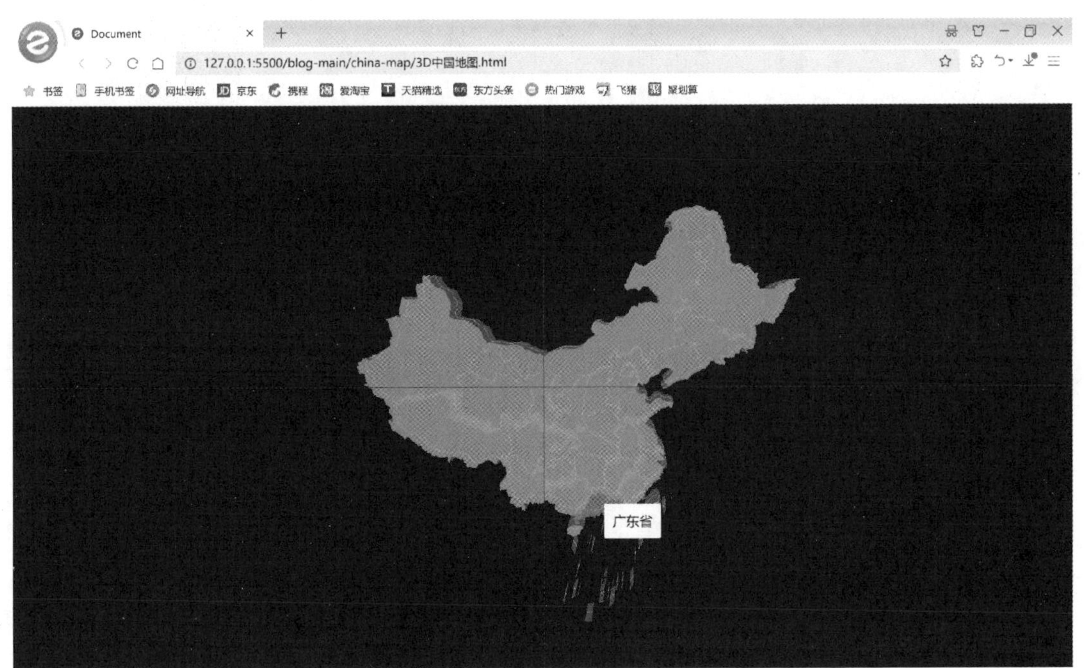

图 7－11　基于 Three. js 的三维中国地图应用效果图 1